この木なんの木？がひと目でわかる！

新散歩の樹木図鑑

岩槻秀明 著

488種　探しやすい！　花・果実・葉っぱ・樹皮の写真もくじ付き

APG分類体系Ⅳに準拠

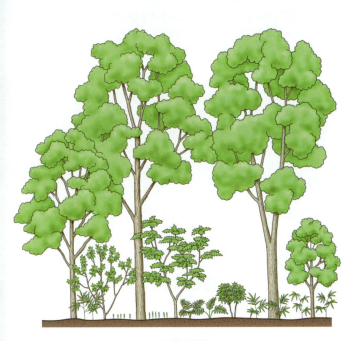

新星出版社

一昨年（2023年）、先行する形で姉妹書『散歩の花図鑑』を改訂し、『新 散歩の花図鑑』としてリリースいたしました。初版から11年が経過するうちに知見が増えたり、情報が古くなったりするなどして、ほぼ全面リニューアルとなりました。

　そして今回、『散歩の樹木図鑑』を改訂する運びとなりました。『散歩の樹木図鑑』も2013年初版刊行から12年の時が経っており、花図鑑ほどではないものの、情報の更新が必要な状態となっていました。また私自身、初版刊行後の12年間で手持ちの写真や知見が大幅に増えており、今回の改訂ではそれも反映させました。

　ハンディ図鑑は写真がどうしても小さくなってしまいます。そこで今回の改訂では、小さな版型でも葉や花、果実などの特徴がしっかり見えるよう、新しい写真に入れ替えるなど、大幅にテコ入れしました。

　庭木や生垣、街路樹はもちろん、建物や家具、楽器、日用品を作るための材として、生薬、山菜、果樹、染料、香料としてなど、古くから生活の中にも多数の樹木が取り入れられています。樹木の名前、特徴はもちろん、どのような用途に使われているのかなど、さまざまな視点で調べてみると、新しい発見につながると思います。

　この本が散歩のお供として少しでもお役に立てれば幸いです。

2025年

岩槻秀明

本書の使い方	4
樹木の基礎解説	6

花色、果実、葉っぱ、樹皮でひける
写真もくじ ... 15

イチョウ、ソテツ、マツ、マキ、ヒノキ、イチイ、マツブサ、モクレン、ロウバイ
30

樹木なるほどコラム❶
よく聞く有名な木（日本原産編） ... 60

クスノキ、センリョウ、サルトリイバラ、クサスギカズラ、ヤシ、アケビ、ツヅラフジ、メギ、キンポウゲ、ツゲ、ボタン、フウ、マンサク、カツラ、ユズリハ
62

樹木なるほどコラム❷
よく聞く有名な木（海外編） ... 90

ブドウ、マメ、バラ
92

樹木なるほどコラム❸
ご存じですか? 都道府県の木 ... 138

クロウメモドキ、ニレ、アサ、クワ、ブナ、ヤマモモ、クルミ、カバノキ、ニシキギ
140

樹木なるほどコラム❹
果物が実る樹木 ... 162

オトギリソウ、ヤナギ、トウダイグサ、ホルトノキ、ミソハギ、フトモモ、ミツバウツギ、キブシ、ウルシ、ムクロジ、ミカン
164

樹木なるほどコラム❺
ハーブとして栽培される樹木 ... 194

ニガキ、センダン、アオイ、ジンチョウゲ、アジサイ、ミズキ、サカキ、サクラソウ、ツバキ、エゴノキ、リョウブ、ツツジ
196

樹木なるほどコラム❻
カラーリーフとして楽しむ樹木 ... 234

アオキ、アカネ、キョウチクトウ、ナス、モクセイ、ゴマノハグサ、ノウゼンカズラ、シソ、キリ、モチノキ、ガマズミ、スイカズラ、トベラ、ウコギ
236

索引 ... 280

- ●写真／岩槻秀明　●イラスト／細密画工房　●デザイン／黒田海太郎　●DTP／アド・クレール
- ●企画・編集／(株)シーオーツー（松浦祐子、棚嶋理恵）

本書の使い方

　本書では街中や公園など、ふだんの散歩の途中によく見かける樹木の花、果実、紅葉などの見頃について、DNA解析に基づく新しい分類（AGP体系）の並びで掲載しています。ここではまず最初に、各ページのどこを見れば何がわかるかを説明します。

掲載順

掲載順は原則としてAPG Ⅳ分類体系に沿った並びとなるようにしていますが、誌面の関係で、科の順番が多少前後しているものもあります

見頃インデックス

1～12月のうち、そのページの樹木の花がもっとも盛んに咲く時期を緑色、果実期を黄色、紅（黄）葉する時期をオレンジ色に色分けしました。それぞれ関東以西の温暖地を基準としています。その年の気候や環境によっても変化するため、あくまでも目安としてください。複数種が掲載されている場合は、主要な種の時期としました

小写真

メイン・サブ写真ではわからない部分や、あまり見る機会がない果実や種子、または樹皮や芽といった関連部分を掲載しています

樹形アイコン

その樹木が成木になった場合に、おおよその目安となる形状をアイコンで表現しました。あくまで自然に成長した前提で、生育環境や剪定によっては異なる場合があります

キョウチクトウ
Nerium oleander var. indicum

🌸 花期:6～9月　🍂 果実期:10～11月

排気ガスに強く、幹線道路や工業団地に植えられる

　キョウチクトウ科の代表種。大気汚染に強いため都市部の街路樹として植栽される。花色は赤系のほかに白やピンクなどがあり、八重咲きや斑（模様）入り葉の品種も栽培される。全体に強い毒があるため、絶対に口にしないで。

- 科名●キョウチクトウ
- 和名●キョウチクトウ（夾竹桃）
- 生態●小高木（常緑）
- 原産●インド
- 分布●植栽（公園など）

秋にかけて次々と花を咲かせる

白い花を咲かせる園芸種

八重咲きの園芸種

樹形アイコン一覧

 かさ形
 ほうき形
 円すい形
 株立ち形
 だ円形（縦）
 だ円形（横）、卵形、球形
 しだれ形
 不整形
 這性形
 つる性形
 その他

※本書の学名表記は標準的なものを採用していますが、見解が分かれている種類もあります

メイン・サブ写真
特徴がよくわかる写真を選んで掲載。その樹木の特徴的な樹形や花などを紹介しました

基本データ
樹木の基本的な情報です。日本原産の種は「在来」と表記。外来種には原産地を入れました。分布は全国、北海道（北）、本州（本）、四国（四）、九州（九）、沖縄（沖）に分けました。園芸種は範囲を特定できないため、植栽・園芸交雑種としました。また、日本名は標準和名、漢字名を掲載。樹高はその木がもっとも大きく成長した場合の目安です

○○の仲間ページについて
一般的に知られている名前の樹木でも、実際は近縁種や交雑種の総称であることも。そこで種類が多く、近い仲間の樹木をひとまとめにして複数掲載し、比べやすくしました。各樹種名は写真の下や横に記されています。ただし花期、果実期、紅葉（黄葉）は代表種について記し、学名は属名までに留めています

つる性で壁面緑化にも使われる

科名	キョウチクトウ
属名	テイカカズラ（定家葛）
生態や性	つる性（常緑）
原産	在来
分布	本・四・九

イラスト解説
写真だけでは伝わりにくい、細部のわずかな違いや、観察時のポイントを精緻なイラストでわかりやすく表現しました

種子に綿毛があり、風によって運ばれていく　　果実は細長く、2本でつつくことが多い

テイカカズラ
Trachelospermum asiaticum
花期：5～7月　果実期：11～12月

常緑性のつる植物で壁面緑化によく使われる

　山野では岩壁や大木の幹などをよじ登るように自生。この性質を利用して、都市部の壁やフェンスの緑化に広く利用される。花は白色だが中心付近は濃黄色。名前のテイカは平安～鎌倉時代の歌人・藤原定家にちなんだもの。

ハツユキカズラ 斑入りの葉をつけるテイカカズラの園芸種。グランドカバーとしてよく栽培される

樹木の名前、花期、果期、紅（黄）葉
掲載している樹木の名前は、一般的な名称です。その下の斜めの文字（ラテン語）は学名です。花期は開花初期から終盤までのおおよその目安。果実期は果実が熟す時期、紅（黄）葉は見頃を迎える時期をそれぞれ表しています。花期、果実期、紅（黄）葉の時期は、地域やその時の天候などの要因で変動することがあります

近縁種等の情報
必要に応じて掲載種と近い仲間の「近縁種」を紹介。花の色違いや毛の有無などの変異がある種類は、その程度に応じて「変種」や「品種」などの名前がつけられているもの。変種や品種などに対して大元の基本となる「母種」や、品種改良によって作出された「園芸種」についても紹介しています

本文解説
掲載している樹木の特徴、よく見られる生育場所、名前の由来や別名などを紹介。その樹木をよく知るための解説です

※ここで掲載しているページは説明用の見本です

樹木の基礎解説

1 樹木の分類

　樹木の分類は、他の植物と同様に科や属といった植物分類学上の分類方法が基本です。しかし、それ以外にも常緑樹や落葉樹といった季節で変化する性質的な分け方や、針葉樹や広葉樹など大まかな葉の形による分け方などがあります。これらの分け方は、地域の植生の特徴や気候との関連を表現するときによく使われます。

●**落葉樹**
1年のうち、特定の期間（冬季が多い）にすべての葉を落としてしまうもの

●**常緑樹**
1年を通じて葉をつけているもの

●**針葉樹**
マツ類やスギなど、針形の葉をもつものの総称。多くの裸子植物が該当する

●**広葉樹**
針葉樹に対して幅の広い葉をもつものの総称

●**照葉樹**
スダジイやタブノキなど、分厚く光沢のある葉をもつもの

2 樹高について

　樹木の説明にしばしば登場する高木や低木などの表現は、樹木の大きさ指すための便宜的なものです。実際の樹木の大きさは剪定や環境、樹齢によってかなり変動します。樹種の性質として、めいっぱい育つとこのくらいになるというひとつの目安と考えましょう。

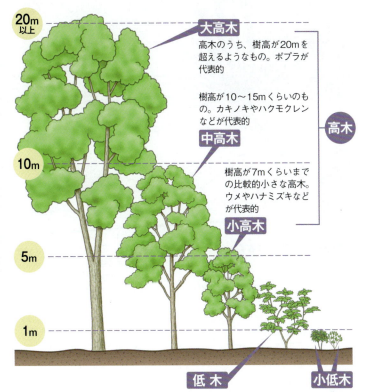

大高木
高木のうち、樹高が20mを超えるようなもの。ポプラが代表的

中高木
樹高が10〜15mくらいのもの。カキノキやハクモクレンなどが代表的

小高木
樹高が7mくらいまでの比較的小さな高木。ウメやハナミズキなどが代表的

高木

低木
灌木（かんぼく）ともいう。樹高はせいぜい5m以下。アオキなどが代表的

小低木
樹高が1mに満たない小さな樹木。ナワシロイチゴやヤブコウジなどが代表的

3 花のつくり

　種子植物は大きく分けると、**胚珠**(種子になる部分)がむき出しの**裸子植物**と、**子房**(果実になる部分)に包まれている**被子植物**の2つがあります。

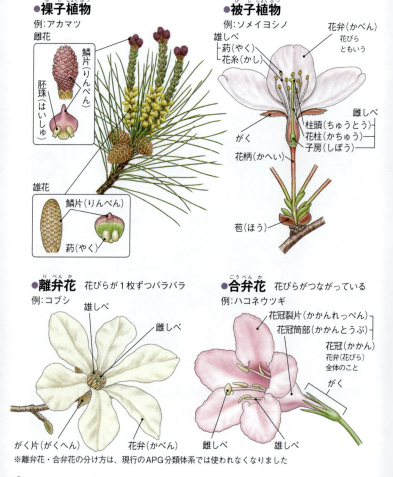

※離弁花・合弁花の分け方は、現行のAPG分類体系では使われなくなりました

4 花のつきかた

複数の花が一定の配列に従ってついたものが**花序**です。花序の中心の茎が**花軸**で、花軸から伸びる**花柄**の先に花がつきます。花柄からさらに**小花柄**が分枝することも。

●**単頂花序**
例:ホオノキ
花軸（茎）の先に1つだけ花を咲かせるもの

●**穂状花序**
例:マテバシイ
総状花序（そうじょうかじょ）につきかたが似るが、花柄がない

●**総状花序**
例:ヒイラギナンテン
花軸から多数の花柄を出し、その先にひとつずつ花をつけるもの

●**散房花序**
例:シモツケ
花ごとに花柄の長さが異なり、平面や半球状の花の集まりになる

●**円すい花序**
例:ヌルデ
花序が円すい形に見えるもの

●**集散花序**
例:テイカカズラ
花軸の先端のわきから側枝が伸びることを繰り返す形態

●**散形花序**
例:ヤツデ
花序の先端から放射状に花柄が伸びるもの

●**複数散房状花序**
例:ガマズミ
いくつかの散房花序（さんぼうかじょ）がさらに散房状についたもの

●**尾状花序**
例:ハンノキ
花序が垂れ下がり見た目が動物の尾のように見えるもの

●**頭状花序**
例:ネムノキ
キク科によく見られ、複数の花が集まってひとつの花のようになる

●**隠頭花序**
例:イヌビワ
イチジクの仲間に見られる特殊な形態の花序

5 葉のつくりとつき方

　ここでは、葉のつくりと各部名称、それから、葉のつき方の名称のうち代表的なものを紹介します。

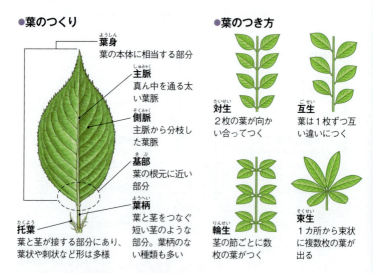

●葉のつくり

葉身（ようしん）
葉の本体に相当する部分

主脈（しゅみゃく）
真ん中を通る太い葉脈

側脈（そくみゃく）
主脈から分枝した葉脈

基部（きぶ）
葉の根元に近い部分

葉柄（ようへい）
葉と茎をつなぐ短い茎のような部分。葉柄のない種類も多い

托葉（たくよう）
葉と茎が接する部分にあり、葉状や刺状など形は多様

●葉のつき方

対生（たいせい）
2枚の葉が向かい合ってつく

互生（ごせい）
葉は1枚ずつ互い違いにつく

輪生（りんせい）
茎の節ごとに数枚の葉がつく

束生（そくせい）
1カ所から束状に複数枚の葉が出る

6 葉の形と呼び名

　葉の全体・先端・基部・縁（えん）の形状を示す用語の中から、代表的なものを紹介します。

●葉の全体形

針形（しんけい）
例：イヌマキ

線形（せんけい）
例：シダレヤナギ

披針形（ひしんけい）
例：カラタチバナ

倒披針形（とうひしんけい）
例：ジンチョウゲ

卵形（らんけい）
例：アカメガシワ

だ円形（だえんけい）
例：タラヨウ

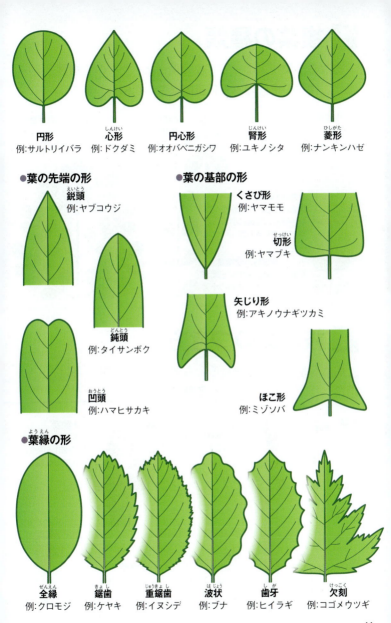

7 複葉の種類

　複数の小葉が集まって1枚の葉となったものを**複葉**といいます。複葉の形態のうち代表的なものを紹介します。

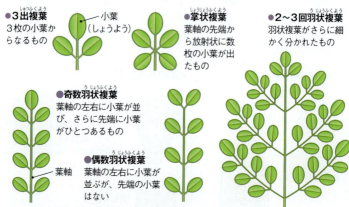

- **3出複葉** 3枚の小葉からなるもの
- 小葉（しょうよう）
- **掌状複葉** 葉軸の先端から放射状に数枚の小葉が出たもの
- **2〜3回羽状複葉** 羽状複葉がさらに細かく分かれたもの
- **奇数羽状複葉** 葉軸の左右に小葉が並び、さらに先端に小葉がひとつあるもの
- 葉軸
- **偶数羽状複葉** 葉軸の左右に小葉が並ぶが、先端の小葉はない

8 枝と芽のつき方

　樹木観察では、芽を見るのも楽しいものです。冬は、落葉した木々の枝先につく**冬芽**を探してみましょう。

- **芽・冬芽**
- **頂芽** 枝の先端につく芽のこと
- **側芽** 枝の側面につく芽のこと
- **髄** 枝の中心部分の組織。ウツギなど空洞になる種類もある
- **葉痕** 落葉後に残った葉の痕。種類によっては顔に見えるものも
- **芽鱗**
- **鱗芽** 冬芽が鱗状の葉（芽鱗）で保護されているもの
- **裸芽** 冬芽を保護するものがなく、むき出し状態のもの

9 実のつくり

　ここでは特に代表的な実のつくりを紹介します。マメ科の豆果や、ブナ科の堅果など、分類ごとに特徴的なものから、蒴果など幅広い種類に見られる形態もあります。

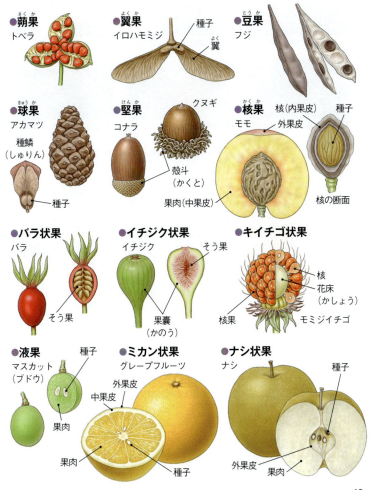

10 樹皮の種類

樹皮の模様や質感は種類によって異なります。そのため、樹皮の特徴からもおおまかな樹種が推定できます。

縦の裂け目 例:クスノキ

横長の皮目 例:ウワミズザクラ

なめらか 例:エノキ

縦に裂ける 例:イチイ

はがれ 例:サルスベリ

まだら 例:プラタナス

本書に出てくる 用語の解説

維管束（いかんそく）
植物の内部組織のひとつで、水分や栄養分を全体に運ぶ役割をもつ。人間でいえば血管のようなもの

がく筒（がくとう）
がくの根元がつながって筒状になった部分を指す

仮種皮（かしゅひ）
種皮のように種子を包むもの。胚珠の柄などが発達してできる

花床（かしょう）
花柄(P.8)の先端部の花がつく部分。果実期になると**果床（かしょう）**とも呼ばれる

花穂（かすい）
専門用語ではないが、穂のように咲く花を指す。花序を区別なく簡潔に表現する場合に用いられる

花被片（かひへん）
花弁(花びら)とがく片をひとまとめにした呼称。**花被**ともいう

気孔（きこう）
葉の裏に多い開閉式の小さな穴で、水の蒸散や空気の出入りを行っている。気孔が集まって帯状になった部分を**気孔帯（きこうたい）**という

気根（きこん）
枝の途中など、地中ではなく空気中に露出している根のこと。気根を乳房に見立て、子宝成就、安産祈願と仰ぐ地域もある

高杯形（こうはいけい）
合弁花の形態のひとつ。上部が水平に開き、下部が細い筒状になったものを指す

五倍子（ごばいし）
ウルシ科ヌルデ属の樹木にできる虫こぶを乾燥させたもの。お歯黒や皮なめしに用いるタンニン酸の原料

雌雄別株（しゆうべっしゅ）
雌花と雄花を別の個体が咲かせること。**雌雄異株（しゆういしゅ）**ともいう。また、ひとつの個体で雌しべと雄しべを両方備える場合は**雌雄同株（しゆうどうしゅ）**という

集合果（しゅうごうか）
複数の小さな果実が集まってつき、ひとつの果実に見えるもの

重弁花（じゅうべんか）
花びらが重なった花を指す。八重咲きと同じ意味

装飾花（そうしょくか）
雄しべや雌しべが退化し、がく部分が大きく発達した花のこと。アジサイの仲間に多い

総苞（そうほう）
花の芽を保護するために葉が変化した苞(ほう)が、花序の基部に集まったがくのようなものを指す。総苞ひとつひとつを**総苞片（そうほうへん）**という

袋果（たいか）
果実の形態の一種で成熟したあと、合わせ目が袋を開けたように裂けて種を落とす

倒卵形（とうらんけい）
葉の形を表現する名前のひとつ。卵を逆さにしたときのように葉の先端が丸く広く、つけ根の方がすぼまった形のこと。似たものに**倒卵状楕円形、卵状楕円形**などがある

木本（もくほん）
地上の茎が多年にわたり太くなりながら成長する植物のこと。草は草本（そうほん）という

八重咲き
花びらの枚数が本来の種の特徴としての枚数よりも明らかに多いもの。雄しべと雌しべが花びらに変化し、種子ができないものも多い

葉化（ようか）
花びらが葉のように変化すること。ファイトプラズマという微生物によって起こることが多い

葉軸（ようじく）
羽状複葉(P.12参照)で、中央にある軸部分のこと

葉鞘（ようしょう）
イネ科など単子葉植物で、葉の基部が筒状になって茎を包んだもの

写真もくじ

花色、果実、葉っぱ、樹皮でひける

本書で取り上げている樹木の花、果実、葉っぱ、樹皮でひける写真もくじです。花と果実は同系統の色で分類し、葉っぱ、樹皮は近い仲間やよく似たものを集めました。園芸種など、複数の花色が存在するものもありますが、本書では主な色を記載しています。

花色

黄・橙 色系

ユリノキ
▶P.58
花期：5〜6月

ロウバイ
▶P.59
花期：1〜2月

メギ
▶P.76
花期：4月

ヒイラギナンテン
▶P.78
花期：3〜4月

マンサク
▶P.86
花期：3〜4月

ヒュウガミズキ
▶P.87
花期：3〜4月

エニシダ
▶P.96
花期：4〜5月

ギンヨウアカシア
▶P.102
花期：2〜4月

ヤマブキ
▶P.122
花期：4〜5月

ヒペリカムの仲間
▶P.164
花期：5〜7月

キブシ
▶P.179
花期：3〜4月

アオギリ
▶P.198
花期：5〜7月

ミツマタ
▶P.202
花期：3〜4月

サンシュユ
▶P.211
花期：3〜4月

エンゼルトランペット
▶P.244
花期：6〜11月

シナレンギョウ
▶P.246
花期：4月

キンモクセイの仲間
▶P.250
花期：10〜11月

オウバイ
▶P.253
花期：2〜4月

花色 **赤・ピンク色系**

ボタン
▶P.82
花期:4〜5月

シャクヤク
▶P.83
花期:4〜6月

ベニバナトキワマンサク
▶P.85
花期:4〜5月

ヤマハギ
▶P.97
花期:7〜9月

ハナズオウ
▶P.100
花期:4月

ネムノキ
▶P.101
花期:6〜7月

サクラの仲間
▶P.104
花期:2〜5月

ハナモモ
▶P.112
花期:3〜4月

ハマナス
▶P.113
花期:6〜8月

バラの仲間
▶P.114
花期:種類による

ナワシロイチゴ
▶P.121
花期:5〜6月

ハナカイドウ
▶P.124
花期:4月

ボケ
▶P.126
花期:3〜4月

カリン
▶P.127
花期:4〜5月

シモツケ
▶P.134
花期:5〜8月

モモ
▶P.162
花期:4月

ポインセチア
▶P.169
花期:12〜翌2月

ザクロ
▶P.174
花期:5〜6月

サルスベリ
▶P.175
花期:7〜10月

フェイジョア
▶P.176
花期:5〜6月

ブラシノキの仲間
▶P.177
花期:5〜6月

クロウエア
▶P.192
花期:2〜5月

ボロニア
▶P.193
花期:5〜11月

ムクゲ
▶P.199
花期:7〜9月

フヨウ
▶P.200
花期:7〜10月

ハイビスカス
▶P.201
花期:7〜9月

ジンチョウゲ
▶P.203
花期:2〜4月

ハナミズキ
▶P.209
花期:4〜5月

ヤブツバキ
▶P.217
花期:12〜翌4月

ツバキの仲間
▶P.218
10〜翌4月

セイヨウシャクナゲ
▶P.225
花期:4〜6月

ツツジの仲間
▶P.226
花期:3〜5月

カルミアの仲間
▶P.232
花期:4〜6月

エリカの仲間
▶P.233
花期:ほぼ通年

キョウチクトウ
▶P.240
花期:6〜9月

ノウゼンカズラの仲間
▶P.256
花期:6〜9月

ロニセラの仲間
▶P.271
花期:種類による

ウグイスカズラ
▶P.272
花期:3〜5月

ハコネウツギ
▶P.273
花期:5〜6月

花色
紫・青色系

フジ
▶P.95
花期:5〜6月

ローズマリー
▶P.194
花期:ほぼ通年

ラベンダー
▶P.194
花期・種類による

コモンセージ
▶P.195
花期:5〜7月

センダン
▶P.197
花期:5〜6月

アジサイ
▶P.204
花期:6〜7月

ヤマアジサイ
▶P.205
花期:6〜7月

アジサイの仲間①
▶P.206
花期:6〜7月

クコ
▶P.243
花期:7〜11月

17

ブッドレア
▶P.255
花期:5〜10月

キリ
▶P.260
花期:5〜6月

花色

白
色系

シキミ
▶P.52
花期:3〜4月

コブシ
▶P.53
花期:3〜4月

ハクモクレン
▶P.54
花期:3〜4月

ホオノキ
▶P.55
花期:5〜6月

タイサンボク
▶P.56
花期:5〜6月

カラタネオガタマ
▶P.57
花期:5〜6月

ムベ
▶P.72
花期:4〜5月

クレマチスの仲間
▶P.79
花期:種類による

サルココッカの仲間
▶P.81
花期:2〜4月

マロニエ
▶P.90
花期:5〜6月

ジャスミン
▶P.91
花期:8〜10月

ハリエンジュ
▶P.98
花期:5〜6月

ウワミズザクラ
▶P.103
花期:4〜5月

ウメ
▶P.110
花期:12〜翌3月

ノイバラ
▶P.118
花期:4〜6月

クサイチゴ
▶P.120
花期:3〜4月

シロヤマブキ
▶P.123
花期:4〜5月

カマツカ
▶P.128
花期:4〜6月

シャリンバイ
▶P.130
花期:4〜6月

コデマリ
▶P.135
花期:4〜5月

ユキヤナギ
▶P.136
花期:3〜4月

コゴメウツギ
▶P.137
花期:5〜6月

マユミ ▶P.158 花期:5〜6月	ツリバナ ▶P.159 花期:5〜6月	リンゴ ▶P.162 花期:4〜5月	スモモ ▶P.163 花期:4〜5月	ナシ ▶P.163 花期:4〜5月
ブルーベリー ▶P.163 花期:4〜6月	ネコヤナギ ▶P.166 花期:3〜4月	マートル ▶P.195 花期:5〜6月	レモンバーベナ ▶P.195 花期:6〜9月	ウツギ ▶P.208 花期:5〜7月
ミズキ ▶P.210 花期:5〜6月	モッコク ▶P.212 花期:6〜7月	サカキ ▶P.214 花期:6〜7月	サザンカ ▶P.220 花期:10〜12月	チャ ▶P.221 花期:10〜12月
ナツツバキ ▶P.222 花期:6〜7月	リョウブ ▶P.224 花期:6〜8月	アセビ ▶P.230 花期:2〜5月	ドウダンツツジ ▶P.231 花期:4〜5月	ハクチョウゲ ▶P.237 花期:5〜7月
クチナシ ▶P.238 花期:6〜7月	テイカカズラ ▶P.241 花期:5〜7月	マンデビラの仲間 ▶P.242 花期:5〜10月	シマトネリコ ▶P.245 花期:5〜6月	イボタノキ ▶P.247 花期:5〜6月

オリーブ
▶P.249
花期:5〜7月

ヒトツバタゴ
▶P.254
花期:5月

クサギ
▶P.259
花期:7〜9月

ガマズミ
▶P.266
花期:5〜6月

サンゴジュ
▶P.267
花期:6月

ニワトコ
▶P.268
花期:3〜5月

アベリア
▶P.269
花期:5〜11月

スイカズラ
▶P.270
花期:5〜6月

トベラ
▶P.274
花期:4〜6月

果実・種子
黄・橙
色系

イチョウ
▶P.30
種子:10〜11月

ロウバイ
▶P.59
果実期:6〜8月

ウメ
▶P.110
果実期:6〜7月

クサボケ
▶P.125
果実期:11〜12月

ボケ
▶P.126
果実期:11〜12月

カリン
▶P.127
果実期:10〜11月

ビワ
▶P.131
果実期:5〜6月

エノキ
▶P.144
果実期:9〜11月

カキ
▶P.162
果実期:10〜11月

ハナユ
▶P.188
果実期:11〜翌2月

カラタチ
▶P.189
果実期:10〜11月

キンカン
▶P.190
果実期:11〜翌2月

果実・種子
赤・ピンク
色系

イヌマキ
▶P.37
果実期:10〜12月

イチイ
▶P.49
果実期:9〜11月

サネカズラ
▶P.51
果実期：10〜11月

コブシ
▶P.53
果実期：10〜11月

シロダモ
▶P.67
果実期：10〜12月

センリョウ
▶P.68
果実期：11〜翌3月

サルトリイバラ
▶P.69
果実期：11〜12月

ナギイカダ
▶P.70
果実期：10〜11月

メギ
▶P.76
果実期：10〜11月

ナンテン
▶P.77
果実期：10〜12月

ウワミズザクラ
▶P.103
果実期：8〜9月

ハマナス
▶P.113
果実期：8〜9月

ノイバラ
▶P.118
果実期：9〜11月

モミジイチゴ
▶P.119
果実期：6〜7月

クサイチゴ
▶P.120
果実期：5〜6月

ナワシロイチゴ
▶P.121
果実期：6〜7月

カマツカ
▶P.128
果実期：10〜11月

ピラカンサの仲間
▶P.132
果実期：10〜翌2月

ナナカマド
▶P.133
果実期：9〜11月

ナツメ
▶P.140
果実期：11〜12月

ヒメコウゾ
▶P.146
果実期：6〜7月

ヤマモモ
▶P.153
果実期：6〜7月

ニシキギ
▶P.157
果実期：10〜11月

マユミ
▶P.158
果実期：10〜11月

マサキ
▶P.160
果実期：11〜1月

ツルウメモドキ
▶P.161
果実期：10〜12月

リンゴ
▶P.162
果実期：10〜11月

ヒペリカムの仲間
▶P.165
果実期:6〜8月

イイギリ
▶P.168
果実期:10〜翌1月

ザクロ
▶P.174
果実期:10〜12月

ゴンズイ
▶P.178
果実期:9〜11月

サンショウ
▶P.191
果実期:9〜12月

サンシュユ
▶P.211
果実期:9〜11月

モッコク
▶P.212
果実期:10〜11月

ヤブコウジ
▶P.215
果実期:10〜翌1月

マンリョウ
▶P.216
果実期:11〜翌3月

クコ
▶P.243
果実期:8〜12月

クロガネモチ
▶P.262
果実期:11〜12月

ソヨゴ
▶P.263
果実期:10〜12月

モチノキ
▶P.264
果実期:11〜12月

タラヨウ
▶P.265
果実期:11月

ガマズミ
▶P.266
果実期:9〜11月

サンゴジュ
▶P.267
果実期:8〜10月

ニワトコ
▶P.268
果実期:6〜8月

ウグイスカグラ
▶P.272
果実期:5〜6月

果実・種子
紫・青・黒 色系

クスノキ
▶P.62
果実期:10〜11月

タブノキ
▶P.63
果実期:7〜8月

クロモジ
▶P.64
果実期:9〜10月

ゲッケイジュ
▶P.66
果実期:10月

アオツヅラフジ
▶P.75
果実期:10〜12月

エビヅル
▶P.92
果実期:10〜11月

ノブドウ
▶P.93
果実期:9〜11月

エニシダ
▶P.96
果実期:8〜10月

シャリンバイ
▶P.130
果実期:10〜11月

ムクノキ
▶P.143
果実期:10〜11月

クワの仲間
▶P.145
果実期:6〜7月

イチジク
▶P.147
果実期:8〜10月

ブルーベリー
▶P.163
果実期:7〜8月

ホルトノキ
▶P.173
果実期:11〜翌2月

ネズミモチ
▶P.248
果実期:10〜12月

ヒイラギ
▶P.252
果実期:6〜7月

ヒトツバタゴ
▶P.254
果実期:10〜11月

ムラサキシキブ
▶P.257
果実期:10〜12月

コムラサキ
▶P.258
果実期:10〜12月

クサギ
▶P.259
果実期:10〜11月

果実・種子 緑・茶色系

アカマツ
▶P.34
種子:10〜11月

ヒマラヤスギ
▶P.36
種子:11〜12月

ナギ
▶P.38
種子:10〜11月

スギ
▶P.39
種子:10〜11月

ヒノキ
▶P.42
種子:10〜11月

サワラ
▶P.43
種子:10〜11月

コノテガシワ
▶P.44
種子:10〜11月

コニファーの仲間②
▶P.48
果実期:種類による

ムベ
▶P.72
果実期:10〜11月

23

アケビ
▶P.73
果実期:9〜10月

ミツバアケビ
▶P.74
果実期:9〜10月

モミジバフウ
▶P.84
果実期:11〜12月

プラタナス
▶P.91
果実期:10〜翌3月

エンジュ
▶P.99
果実期:10〜11月

ウバメガシ
▶P.139
果実期:10〜11月

マテバシイ
▶P.148
果実期:9〜11月

スダジイ
▶P.149
果実期:10〜12月

クヌギ
▶P.150
果実期:10〜12月

コナラ
▶P.151
果実期:10〜12月

シラカシ
▶P.152
果実期:10〜11月

オニグルミ
▶P.154
果実期:9〜10月

ハンノキ
▶P.155
果実期:10〜11月

クリ
▶P.163
果実期:10〜11月

ナンキンハゼ
▶P.170
果実期:10〜11月

フェイジョア
▶P.176
果実期:10〜12月

トチノキ
▶P.183
果実期:9〜10月

チャ
▶P.221
果実期:10〜12月

オリーブ
▶P.249
果実期:11月

トベラ
▶P.274
果実期:11〜12月

果実・種子 白色系

ナンキンハゼ
▶P.170
果実期:10〜11月

エゴノキ
▶P.223
果実期:8〜10月

葉っぱ

メタセコイア
▶P.40 紅葉

カヤ ▶P.50	サネカズラ ▶P.51	シキミ ▶P.52	ハクモクレン ▶P.54	ホオノキ ▶P.55
タイサンボク ▶P.56	ユリノキ ▶P.58	カシワ ▶P.60	ブナ ▶P.61	ゲッケイジュ ▶P.66
シロダモ ▶P.67	サルトリイバラ ▶P.69	ナギイカダ ▶P.70	シュロ ▶P.71	ミツバアケビ ▶P.74
モミジバフウ ▶P.84 紅葉	ベニバナトキワマンサク ▶P.85	カツラ ▶P.88 黄葉	ユズリハ ▶P.89	マロニエ ▶P.90
エビヅル ▶P.92 紅葉	ノブドウ ▶P.93	ツタ ▶P.94 紅葉	ハナズオウ ▶P.100	ネムノキ ▶P.101

25

樹皮

模様別

イチョウ
▶P.30
樹皮：縦の裂け目

ダイオウマツ
▶P.35
樹皮：うろこ模様

スギ
▶P.39
樹皮：縦にはがれる

ヒノキ
▶P.42
樹皮：縦にはがれる

イチイ
▶P.49
樹皮：縦にはがれる

カヤ
▶P.50
樹皮：縦にはがれる

ユリノキ
▶P.58
樹皮：縦の裂け目

シラカバ
▶P.61
樹皮：薄くはがれる

クスノキ
▶P.62
樹皮：縦の裂け目

タブノキ
▶P.63
樹皮：なめらか

カツラ
▶P.88
樹皮：縦の裂け目

プラタナス
▶P.91
樹皮：まだら

エンジュ
▶P.99
樹皮：縦の裂け目

ウワミズザクラ
▶P.103
樹皮：横長の皮目

カリン
▶P.127
樹皮：まだら

ナナカマド
▶P.133
樹皮：なめらか

ナツメ
▶P.140
樹皮：縦にはがれる

アキニレ
▶P.142
樹皮：まだら

ヤマモモ
▶P.153
樹皮：縦の裂け目

シダレヤナギ
▶P.167
樹皮：縦の裂け目

サルスベリ
▶P.175
樹皮：はがれる

ゴンズイ
▶P.178
樹皮：縦模様

カエデの仲間
▶P.185
樹皮：縦模様

アオギリ
▶P.198
樹皮：なめらか

サンシュユ
▶P.211
樹皮:まだら

ナツツバキ
▶P.222
樹皮:まだら

リョウブ
▶P.224
樹皮:まだら

クロガネモチ
▶P.262
樹皮:なめらか

タラヨウ
▶P.265
樹皮:なめらか

サンゴジュ
▶P.267
樹皮:横長の皮目

もくじの補足説明

- 樹種によっては花色が2色以上あるもの、複数の色などがあるため、すべての色を掲載できません。また、果実の色味は成熟具合や個体差などによる違いがあります。いずれもここでは、よく見かける代表的な色として掲載しています。
- 葉っぱの項目にある「紅葉」「黄葉」とは、季節によって葉が紅葉・黄葉する樹種であることを示しています。

イチョウ

Ginkgo biloba
■花期:4~5月 ■種子:10~11月 ■黄葉:10~11月

科名●	イチョウ
和名●	イチョウ（銀杏・公孫樹）
生態●	高木（落葉）
原産●	中国（諸説あり）
分布●	植栽（公園など）

街路樹でおなじみの樹種がじつは絶滅危惧種

　イチョウ科の樹木は中生代に栄えたものの現存するのはイチョウ1種のみで、「生きた化石」である。日本では街路樹の定番だが、野生のものは中国にわずかに生き残っている程度とされ、国際自然保護連合（IUCN）の絶滅危惧種になっている。

　雌雄別株（P.14）で、雌株は秋に「銀杏（ぎんなん）」と呼ばれる大きな丸い種子がぶら下がる。種子の一番外側の皮（外種皮（がいしゅひ））は果肉のようにぶよぶよで強い悪臭を伴う。

長枝（いわゆるふつうの枝）と短枝（短い枝）がある

街路樹や公園樹として人気が高く寿命も長いため、しばしば見惚れるような大木を見かける

雄花は雄しべのみ。長さ2cmほどの穂になってつく

雌花。長い柄の先に2個の胚珠がつく

10月

11月

種子はギンナンと呼ばれ、秋にオレンジ色に熟す

イチョウの葉は落葉前に黄色くなる。葉が黄色に色づくことを黄葉（こうよう）という

12月

古木になると乳（ちち）と呼ばれる気根（P.14）がぶら下がることも多い

雄花の穂は上向きに伸び、長さは40〜60cmほど

葉は太い幹の先端に放射状につく

葉は羽状複葉（P.14）で、長さは50cm以上になる

科名	ソテツ
和名	ソテツ（蘇鉄）
生態	低木（常緑）
原産	在来
分布	九（南部）・沖

雌花の集まり。淡茶色の羽根のような大胞子葉に包まれる

種子は朱色で直径4cmくらい。大胞子葉（雌花の胚珠がつく部分）の下部にできる

ソテツ

 Cycas revoluta

■花期:6〜8月　■種子:9〜11月

九州南部から沖縄にかけての海岸地帯に自生する

　関東以西で庭木として栽培される。幹は太く、ほとんど枝分かれせず年輪もない。有毒だが、自生地では飢饉のときに幹や種子からでん粉を採った。衰弱した木に鉄を与えると蘇るのが名の由来というものの、本当に蘇るのかは不明。

新しく伸びた枝の根元に多数の雄花がつく

雌花は新しく伸びた枝の先に通常2個つく

科名	マツ
和名	クロマツ（黒松）
生態	高木（常緑）
原産	在来
分布	本・四・九

日本庭園にぴったりの樹形で、広く栽培される

クロマツ

Pinus thunbergii
■花期:4～5月 ■種子10～11月

海辺に生える黒い幹のマツ
葉先は硬く触れると痛い

　海沿いに多く生え、潮風や乾燥にとても強い。幹が黒く荒々しい樹形から、オマツ（雄松）の別名がある。葉は針状で硬く、2枚ずつつく。アカマツとの雑種をアイグロマツといい、クロマツとともに庭園などに植えられる。

トラフクロマツ 葉に黄色い虎斑模様が入る

アイグロマツ アカマツとクロマツの中間的な姿をしている

見頃: 4, 5, 10, 11

クロマツとともに庭園などに広く栽培される

雌花は新しく伸びた枝の先に2～3個つく

雄花の穂は揺さぶると煙のように花粉が舞う

科名	マツ
和名	アカマツ（赤松）
生態	高木（常緑）
原産	在来
分布	北（南部）・本・四・九

アカマツ

Pinus densiflora

■花期:4～5月　■種子10～11月

山に多い幹が赤いマツ
マツタケが生えることも

葉先がやわらかく触れても痛くないため、メマツ（雌松）ともいう。山地に自生するほか、庭園にもよく植えられるため、目にする機会は多い。ただし、マツノザイセンチュウ（線虫）などによる立ち枯れが起こりやすい。

球果はいわゆる松ぼっくり。隙間に平たい種子が入る

園芸種

タギョウショウ 株元から幹が何本も立つ

多数の長い葉が垂れ下がり、ふさふさして見える

科名●	マツ
和名●	ダイオウマツ(大王松)
生態●	高木(常緑)
原産●	北アメリカ
分布●	植栽(公園など)

樹高20m以上になることも珍しくない

ダイオウマツ

Pinus palustris

■花期:4〜6月　■種子10〜11月

葉の長さは50cmにもなりマツ属では世界最長クラス

　日本には大正時代に渡来し、庭園などで栽培される。特徴は何と言っても葉の長さで、英名はlong leaf pine（葉の長いマツ）。和名の大王も葉の長さに由来する。葉は3枚ずつつく。球果もかなり大きく、15cmくらいになる。

葉は3枚ずつつく。マツ類の識別には葉が何枚ずつつくかも重要

樹皮は鱗状に亀裂が入り、はがれやすい

シンボルツリーとして存在感は抜群

秋に雄花の穂を出す

科名●	マツ
和名●	ヒマラヤスギ（ヒマラヤ杉）
生態●	高木（常緑）
原産●	インド〜ヒマラヤ
分布●	植栽（公園など）

ヒマラヤスギ

Cedrus deodara
■花期:10〜11月 ■種子11〜12月

名前にスギとつくが マツの仲間に分類される

　公園や庭園用の樹種として世界中で利用されており、成長が早くてきれいな樹形を形成する。花期は秋で、雄花からは大量の花粉が出て地面が黄色くなるほど。球果は熟すとバラバラになり、種子とともに落下する。

落下した球果の先端部分。シーダーローズと呼ばれる

球果。熟すのに1年かかる

(上)雄花の穂は長さ3cm程度
(下)雌花。丸い部分が後に種子となる

科名●	マキ
和名●	イヌマキ(犬槙)
生態●	高木(常緑)
原産●	在来
分布●	本(関東以西)・四・九・沖

マキとも呼ばれ庭木として植えられる

イヌマキ

Podocarpus macrophyllus f. angustifolius
■花期:5～6月 ■種子:10～12月

母種のラカンマキとともに
庭木や生垣に利用される

　海沿いの山地に自生するほか、庭木としても植栽される。雌雄別株(P.14)で花は5～6月頃。雄株は黄色い円柱形の穂を多数つける。種子は青緑色で、根元には赤く膨らんだ果床(P.14)が目立つ。果床は甘くて食べられるが、種子は有毒。

種子を赤い果床ごと野鳥に食べさせて、遠くに運んでもらう

ラカンマキ 庭園に栽培され、葉が小さく密につく

葉は楕円形で厚く光沢がある

雌雄別株（P.14）で、雌株は秋に直径1.5cmほどの種子がつく

科名	マキ
和名	ナギ（梛）
生態	高木（常緑）
原産	在来
分布	本・四・九・沖

ナギ

Nageia nagi

花期:5〜6月　種子:10〜11月

葉はお守りに、種子の油は灯火に利用された

雄花の穂は円柱形

雌花。丸い胚珠が1個ずつつく

　暖かい地域の山地に自生し、奈良県の春日大社には国の天然記念物にも指定されている大規模な自生林がある。御神木(ごしんぼく)として神社の境内によく植えられ、葉が分厚く、簡単にちぎれないことから「チカラシバ」の別名もある。

雄花の穂は大量の花粉を飛ばす

雌花は緑色で枝先に1つずつつく

- 科名 ● ヒノキ
- 和名 ● スギ(杉)
- 生態 ● 高木(常緑)
- 原産 ● 在来
- 分布 ● 本・四・九

スギの幹はまっすぐ立つ

スギ

Cryptomeria japonica
■花期:2〜4月 ■種子:10〜11月

花粉症の原因になるが材木として欠かせない樹種

　もともと山に自生する樹種だが、材木として必要不可欠なため、人工的に造られたスギ林も多い。古くはマキ（真木）と呼ばれた。早春に雄花が大量の花粉を飛ばし、花粉症の原因となる。近年は花粉が出ない改良種も栽培されている。

樹皮は縦に裂けてはがれやすい

球果。鱗片（P.8）のすき間に種子が1つずつ入る

円錐形の樹形が美しい

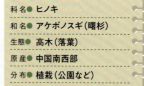
枝に線形の葉が対生し、羽状複葉（P.12）のように見える

科名	● ヒノキ
和名	● アケボノスギ（曙杉）
生態	● 高木（落葉）
原産	● 中国南西部
分布	● 植栽（公園など）

早春、葉が出る前に開花する

球果。松かさのような形で熟すとすき間ができ、種子が落ちる

メタセコイア

Metasequoia glyptostroboides
■花期:2～3月 ■種子:10～11月 ■紅葉:10～12月

葉は秋になると赤く色づき小枝ごと落下する

　かつては絶滅したと考えられていたが、1945年に中国の揚子江支流で発見され「生きた化石」として広く植栽されるようになった。現在は、公園樹や街路樹としておなじみの存在。花は2～3月頃で、雄花は穂状について垂れ下がる。

雄花の穂。大量の花粉を飛ばす

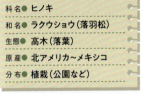

雌花。枝先に数個つく

科名	● ヒノキ
和名	● ラクウショウ(落羽松)
生態	● 高木(落葉)
原産	● 北アメリカ〜メキシコ
分布	● 植栽(公園など)

池のほとりによく植えられる

ラクウショウ

 Taxodium distichum
■花期:3〜4月　■種子:10〜11月　■紅葉:10〜12月

水辺に生える針葉樹で
こん棒状の呼吸根が目立つ

　原産地では水辺に生えるため、ヌマスギとも呼ばれる。公園の池のほとりなどによく植えられ、株元から呼吸根(呼吸するための根)がボコボコと立ち上がる。秋になるとレンガ色に紅葉する。春、葉の芽吹きとともに開花する。

球果は秋に熟す

地中から立ち上がった呼吸根。
不思議な形になる

幹は直立し20m以上の大木になる

雄花の穂は枝先につき、花粉を飛ばす

球果は直径約1cmで秋に熟す

科名	ヒノキ
和名	ヒノキ(檜)
生態	高木(常緑)
原産	在来
分布	本(福島県以南)・四・九

樹皮はスギやサワラなど、他の針葉樹とよく似る

 園芸種

チャボヒバ
細かく枝分かれし、枝先が扇形に広がる

ヒノキ

Chamaecyparis obtusa

■花期:4月 ■種子:10〜11月

材木は耐久性に優れ高品質 古くから建材として活用

　山地に自生する日本固有種。建材として非常に優れていることから、スギとともによく植林される。一方で雄花は花粉を飛ばすため、スギと同様に花粉症の原因となる。ヒノキは「火の木」で、火おこしに使われたことに由来。

球果は枝いっぱいにつく

見頃: 4, 10, 11

科名	● ヒノキ
和名	● サワラ（椹）
生態	● 高木（常緑）
原産	● 在来
分布	● 本（岩手県以南）・四・九

雄花は枝先につき、花粉を飛ばす

雌花も枝先につく

サワラ

Chamaecyparis pisifera
■花期:4月　■種子:10～11月

園芸種が多く 庭木としてよく植えられる

　日本固有の針葉樹で、ヒヨクヒバなどの園芸種が多く、庭木として広く栽培される。葉裏の気孔帯は、X字型（ヒノキがY字型）。材がさわらか（やわらか）であり、「サワラギ」と呼ばれたことが名前の由来と考えられている。

ヒノキの葉裏。白色の気孔帯はY字型

サワラの葉裏。白色の気孔帯はX字型

樹形は全体としてこんもりと丸くまとまる

雄花は枝先につく

雌花は淡いサーモンピンク

- 科名● ヒノキ
- 和名● コノテガシワ（児の手柏）
- 生態● 小高木（常緑）
- 原産● 中国
- 分布● 植栽（庭など）

球果はトゲトゲした形

園芸種

オウゴンコノテガシワ
枝先の若い葉が黄緑色になる

コノテガシワ

Platycladus orientalis
■花期:3〜4月 ■種子:10〜11月

枝の様子を子どもの手に見立てたことが名前の由来

　江戸時代に渡来し、庭や公園に植えられる。平面的に細かく分岐した枝が縦につき、こんもりとした丸い樹形にまとまる。葉は表裏の区別がなく、気孔帯（P.14）も目立たない。葉は側柏葉（そくはくよう）、種子は柏子仁（はくにしん）と呼ばれ、生薬に使われる。

生垣として植えられたカイヅカイブキ

科名●	ヒノキ
和名●	カイヅカイブキ(貝塚伊吹)
生態●	小高木(常緑)
原産●	園芸種
分布●	植栽(庭など)

雌花はピンク色で枝先につく

球果は直径9mmほどで熟すと灰青色になる

カイヅカイブキ

Juniperus chinensis 'Kaizuka'
■花期:4月 ■種子:10〜11月

枝がねじれて炎のような樹形になる

　海沿いに自生するイブキの園芸種で、生垣などに広く栽培される。ただしナシの病気（赤星病）の原因菌が冬はイブキ類につくため、ナシ産地では栽培禁止とされる地域も多い。剪定後に針形の葉をつけた枝が出ることもある。

針形の葉をつけた枝が出ることもある

ハイビャクシン イブキの変種で地面を這うように広がる（変種）

コニファーの仲間①

Hesperocyparis spp. など
■花期:種類による ■果実期:種類による

科名●	ヒノキ
和名●	モントレーイトスギ(モントレー糸杉)
生態●	高木(常緑)
原産●	北アメリカ
分布●	植栽(鉢植えなど)

代表種:モントレーイトスギ'ゴールドクレスト'

コニファーは針葉樹の総称 多様な葉色や樹形がある

　コニファー(conifer)には、球果(松かさ状のもの)をつける植物という意味がある。針葉樹の多くが球果をつけるため、コニファーは「針葉樹の総称」として使われている。スギやヒノキも立派なコニファーのひとつだが、園芸界ではもう少し狭い意味で「針葉樹のうち観賞用に栽培されるものの総称」として使われている。コニファーとして利用される種は、ヒノキ科やマツ科など複数の科にまたがっている。花は地味だが、葉色や樹形が豊富で庭のアクセントとして人気がある。

モントレーイトスギ 'ゴールドクレスト'
最も多く栽培されるコニファーで、明るい葉色が美しい

ハイネズ'サンスプラッシュ'

ウスリーヒバ
シベリア東部原産で横に広がる

アリゾナイトスギ'ブルーアイズ'

アラスカヒノキ アラスカなどに自生する

ニイタカビャクシン'ブルーカーペット'

ヌマヒノキ'レッドスター'

ニオイヒバ'グロボーサオーレア'

ドイツトウヒ トウヒ属最大の球果をつける

カナダトウヒ'コニカ'
コンパクトにまとまる

科名●	マツ
和名●	カナダトウヒ（加奈陀唐檜）
生態●	低木（常緑）
原産●	北アメリカ
分布●	植栽（鉢植えなど）

代表種：カナダトウヒ

コニファーの仲間②

Picea spp. など

■花期：種類による　■果実期：種類による

モミ属やトウヒ属は
クリスマスツリーにもよい

　マツ科のモミ属やトウヒ属に分類されるものは、雰囲気的にクリスマスツリーにもぴったり。比較的栽培が多いのは、コロラドモミやカナダトウヒなどの園芸種。ドイツトウヒは北海道で、鉄道の防雪林としても植えられている。

コロラドトウヒ'オメガ'

チョウセンシラベ'シルバーロック'

種子は鮮やかな赤色の仮種皮に包まれる

見頃
1 / 2 / 3 / 4 / 5 / 6 / 7 / 8 / 9 / 10 / 11 / 12

- 科名● **イチイ**
- 和名● **イチイ（一位）**
- 生態● **高木（常緑）**
- 原産● **在来**
- 分布● **北・本・四・九**

雄花。葉の下側につく

樹皮は縦に裂けてはがれやすい

イチイ

Taxus cuspidata

■花期:3〜5月　■果実期:9〜11月

種子を包む仮種皮は秋になると赤く熟す

　寒冷地や亜高山帯に自生し、枝先の葉は通常2列に並んでつく。種子を包む赤い仮種皮（P.14）は甘くて食べられる一方、種子は有毒。イチイも栽培されるが、庭木としては日本海側に自生する変種のキャラボクのほうが利用は多い。

変種

キャラボク イチイの変種で葉のつき方が不規則。庭木としてよく使われる

成長はゆっくりだが、樹高が20mを超えることも

雄花の穂。長さ1cmほどで、花粉を飛ばす

雌花。新枝につくが、小さく目立たない

科 名	イチイ
和 名	カヤ(榧)
生 態	高木(常緑)
原 産	在来
分 布	本(宮城県以南)・四・九

樹皮は白っぽく、縦に裂けてはがれやすい

カヤ

Torreya nucifera
■花期:5月 ■種子:8～9月

種子は食用になるほか
油を採るのにも使われた

　山地に自生するほか、農家の庭先や神社にもしばしば植栽される。種子は、緑色で独特の芳香がある仮種皮(P.14)に包まれる。雰囲気がよく似たものにイヌガヤがある。カヤの葉先がとがって痛いのに対し、イヌガヤは痛くない。

イヌガヤ
山地の薄暗い林内に生える

常緑で、葉は分厚く光沢がある

花は、花びらとがくの区別がはっきりしない

- 科名● マツブサ
- 和名● サネカズラ（真葛・実葛）
- 生態● つる性（常緑）
- 原産● 在来
- 分布● 本(関東以西)・四・九・沖

サネカズラ

Kadsura japonica

■花期:8月　■果実期:10〜11月

樹皮から採れる汁液は
かつて鬢付油の代用にされた

林の縁などに多いつる植物で、かつては、樹皮から採れる汁液を鬢付油の代わりに使ったことから、ビナンカズラ（美男葛）とも呼ばれる。花には雄花と雌花がある。秋になるといくつもの小さな赤い実が丸く集まってつく。

小さな果実が丸く集まって1つの集合果（P.14）となる

果実は鳥に人気で、すぐになくなる

寺社によく植えられている

花は直径2㎝程度。14〜20枚の花被片（P.10）がある

科名	マツブサ
和名	シキミ（樒）
生態	小高木（常緑）
原産	在来
分布	本（南東北以南）・四・九・沖

葉は光沢のある長楕円形で香りがある

果実は特に強い毒がある

シキミ

Illicium anisatum

■花期：3〜4月　■果実期：9〜10月

仏事に使われるほか
線香や抹香の原料にもなる

　山地に自生するが、墓地や寺社の周辺にも広く植栽されている。毒性が強い植物として有名で、名前は「悪しき実」から来ているといわれる。一方で、生枝は仏事に使われ、香りのある葉は線香の原料として使われる。

花は白色で、すぐ下に小さな葉が1枚ある

科名	モクレン
和名	コブシ(辛夷)
生態	高木(落葉)
原産	在来
分布	北・本・四・九

果実はゴツゴツとした集合果(P.14)で、熟すと赤くなる

コブシ

Magnolia kobus
■花期:3～4月　■果実期:10～11月

白い花を一斉に咲かせ山に春の到来を告げる

　山野に多く、よく育ったものは樹高が約15mに達することも。枝を折るとよい香りがする。果実が握りこぶしのような形をしていることが名前の由来。冬芽(P.12)はふわふわの毛に覆われ、見るからに暖かそうな姿をしている。

果実は熟すと割れ、中から朱色の種子が顔を出す

シデコブシ 自生は東海地方周辺に限られるが、街路樹として広く植栽されている 〈近縁種〉

花は白色で、大きさは直径10cm程度

見頃: 3, 4, 10, 11

冬芽(P.12)のうち、花芽は長い毛に覆われふわふわとしている

科名	モクレン
和名	ハクモクレン(白木蓮、白木蘭)
生態	高木(落葉)
原産	中国
分布	植栽(公園など)

葉は倒卵形で、鋸歯(P.11)はない

ハクモクレン

Magnolia denudata

■花期:3〜4月　■果実期:10月〜11月

モクレンの仲間で春に白い花を咲かせる

中国原産で庭園などに栽培される。コブシに比べて花びらに厚みがあり、どっしりと存在感がある。3枚あるがくも白いため、花びらが9枚あるように見える。モクレンとの雑種で桃色の花を咲かせるサラサモクレンも栽培される。

近縁種

モクレン 中国原産で花は赤紫色。花木として栽培される

直径約15cmのとても大きな花をつける

葉もとても大きく、しばしば長さ30cm以上になる

科名●	モクレン
和名●	ホオノキ（朴の木）
生態●	高木（落葉）
原産●	在来
分布●	北・本・四・九

ホオノキ

Magnolia obovata
■花期：5〜6月　■果実期：9〜11月

日本に自生する樹木のなかで最も大きな花と葉をつける

　山地に自生する背の高い落葉樹で、樹高は20〜30m以上に達する。材木がやわらかくてきめが細かいため、古くから版木などに利用されてきた。また、葉がとても大きいため、食べ物を包むのに使われた。別名「ホオガシワ」。

果実は袋果（P.14）が集まってできた集合果で、熟すと赤くなる

冬芽はペンのキャップのような形の芽鱗（P.12）に包まれる

花は枝先の高いところにつく

花はホオノキよりも大きい

科名●	モクレン
和名●	タイサンボク(泰山木、大山木)
生態●	高木(常緑)
原産●	北アメリカ
分布●	植栽(公園など)

果実は集合果(P.14)。表面は細かい毛に覆われている

葉の裏側は茶色い毛が多い

タイサンボク

 Magnolia grandiflora
■花期:5〜6月 ■果実期:10〜11月

直径25cmにもなる巨大な花を咲かせる

　公園などに植えられており、よく育つと樹高20mくらいになる。葉は厚く光沢があり、裏側は茶色い毛がびっしりと生える。いくつか園芸種があり、葉が細めで若木のうちから開花する「ホソバタイサンボク」がよく栽培されている。

花の直径は3cmほど

科 名	モクレン
和 名	カラタネオガタマ（唐種招霊）
生 態	小高木（常緑）
原 産	中国
分 布	植栽（社寺など）

花は葉わきに1個ずつつく

カラタネオガタマ

Magnolia figo
■花期：5〜6月

花は比較的小ぶりだが とても強い芳香がある

　庭や神社などに植えられ、花が咲くとあたりがバナナのような甘い芳香に包まれる。花が半開きで含み笑いをしているように見えるからか、原産地の中国では「含笑（ハンシン）」と呼ばれている。花はよく咲くが、めったに結実しない。

枝先や冬芽に茶色い毛が多い

葉は長さ4〜8cm程度

葉の形がお祭りで着る半纏にそっくり

花を上から見ると、オレンジ色の模様がある

科名	● モクレン
和名	● ユリノキ（百合の木）
生態	● 高木（落葉）
原産	● 北アメリカ
分布	● 植栽（公園など）

樹皮は縦に浅く裂ける

翼（丸写真）のある果実が集まってつき、茶色い花のようになる

ユリノキ

Liriodendron tulipifera
■花期:5～6月 ■果実期:10～12月

葉、花、果実、それぞれ個性的で見どころの多い樹種

　街路樹や公園樹として植栽される。葉の形が半纏に似ていることから、別名「ハンテンボク」。また、初夏に咲く花はチューリップのような形で、「チューリップノキ」とも呼ばれる。翼のある果実は風に乗って回転しながら飛んでいく。

果実。中に十数個ほどのタネ（そう果）が入っている

内側の花びらは茶色い

科名●	ロウバイ
和名●	ロウバイ（蝋梅）
生態●	低木（落葉）
原産●	中国
分布●	植栽（庭など）

葉の長さは7〜15cm程度。表面はざらつく

ロウバイ

Chimonanthus praecox
■花期:1〜2月 ■果実期:6〜8月

真冬に蝋細工のような黄色い花を咲かせる

　庭園が殺風景になる真冬に咲き、香りもよい。そのため一足先に春を感じる花として、古くから庭園に植えられる。花はやさしい黄色で、蝋細工のような質感がある。ソシンロウバイやマンゲツロウバイなどもよく栽培される。

ソシンロウバイ 内側の花びらも黄色い品種（品種）

マンゲツロウバイ 花が丸みを帯びる園芸種（園芸種）

樹木なるほどコラム❶

よく聞く有名な木（日本原産編）

ブナ、カシワ、シラカバなど、名前を耳にする機会が多い
おなじみの樹木をピックアップしてみました。

カシワ

■花期:5〜6月　■果期:10〜11月

柏餅の葉としておなじみ

堅果、いわゆるドングリが実る木のひとつで、庭木としても栽培される。大きな葉をつけ、柏餅を包むのに使われている。

○科名／ブナ　○和名／カシワ　○生態／高木（落葉）　○原産／在来　○分布／北・本・四・九

果実は約1年かけて翌年の秋に熟す（左）。
初夏に地味ながらも花を咲かせる（右）

アカガシ

■花期:5〜6月　■果期:10〜12月

材木は赤みがかった色

ドングリが実る木で西日本に多い。屋敷林として防風目的に植栽されるほか、非常に硬いため剣道の木刀などにも利用される。

○科名／ブナ　○和名／アカガシ　○生態／高木（常緑）　○原産／在来　○分布／本・四・九

葉は全縁で、殻斗（どんぐりの帽子）は横から見ると縞模様

シラカバ

■花期:4～5月　■果期:6～7月

北日本や高原を代表する樹種

本州中部以北の高原及び北海道に見られる樹種。白い樹皮が特徴で、遠目からもよく目立つ。

- 科名／カバノキ
- 和名／シラカバ
- 生態／高木(落葉)
- 原産／在来
- 分布／北・本

特有の白い樹皮で、葉のない時期も識別できる

本州では高原地帯でよく見かける

ヤドリギ

■花期:2～3月　■果期:10～12月

樹木に寄生する木として有名

エノキなどの広葉樹に寄生する。種子は粘液に覆われているため、べっとりと幹につく。

果実は丸く、潰すとべたつく

樹形は丸くまとまる

- 科名／ビャクダン
- 和名／ヤドリギ
- 生態／小低木(常緑)
- 原産／在来
- 分布／北・本・四・九

ブナ

■花期:5～6月　■果期:10～11月

日本海型と太平洋型がある

果実は山の動物の食糧となる。また、ブナ林は保水力が高いため、水源としても重要な存在。

- 科名／ブナ
- 和名／ブナ
- 生態／高木(落葉)
- 原産／在来
- 分布／北・本・四・九

堅果の形はソバの実に似る

日本海型の葉は大きめで薄く、太平洋型は小さめで厚い(写真は日本海型)

黒くて丸い果実をたくさんつける

初夏に、小さな白い花を多数咲かせる

科名	クスノキ
和名	クスノキ(楠・樟)
生態	高木(常緑)
原産	在来
分布	本・四・九

クスノキ

 Cinnamomum camphora
■花期:5〜6月 ■果実期:10〜11月

各地に巨樹があり、天然記念物に指定されているものも多い

春に新葉が展開すると、古い葉は紅葉して落下する

樹皮は縦に裂ける

古くから神社などに植えられ、年数を経て巨樹になったものも多い。日本一の巨樹として知られる「蒲生の大クス」(鹿児島県)は樹齢約1500年、幹周りは24.22mに達する。樹皮や葉は芳香があり、樹皮は防虫剤(樟脳)の原料にした。

高木になるため、花や果実を間近で観察しにくい

科名	クスノキ
和名	タブノキ（椨の木）
生態	高木（常緑）
原産	在来
分布	本・四・九・沖

雄しべ9本、雌しべ1本のほかに、仮雄しべが3本ある

タブノキ

Machilus thunbergii
■花期:4〜5月　■果実期:7〜8月

スダジイとともに暖地を代表する樹種のひとつ

　暖地の照葉樹林を構成する主要な樹種のひとつで、しばしば巨樹となる。西日本では山地にも見られるが、熱海と若狭湾を結ぶ線よりも北側では海沿いに限られることが多い。公園樹や街路樹としても利用される。別名「イヌグス」。

樹皮は褐色で皮目が見られる

枝先につく冬芽（P.12）は大きく目立つ

果実が黒紫色に熟すころ、柄は赤くなる

春、小さな花が丸く集まって咲く

葉は秋に黄葉する

科名	クスノキ
和名	クロモジ（黒文字）
生態	低木（落葉）
原産	在来
分布	本（太平洋側）・四・九（北部）

冬芽。中心の細長い部分は葉芽（葉になる芽）、左右の丸い部分は花芽（花になる芽）

果実は球形。秋に黒く熟す

クロモジ

Lindera umbellata var. *umbellata*

■花期:4〜5月 ■果実期:9〜10月 ■黄葉:11〜12月

幹に芳香があるため
爪楊枝の材料として使われる

　主に太平洋側に見られる樹種で、日本海側には変種のオオバクロモジが分布する。全体に芳香があり葉などから香油が採れる。冬芽の形が独特で、細長い葉芽と数個の丸い花芽がつく。名前は幹の黒い模様を文字に見立てたことから。

春、枝いっぱいに黄色い花を咲かせる

見頃
1
2
3
4
5
6
7
8
9
10
11
12

- 科名 ● **クスノキ**
- 和名 ● **アブラチャン（油瀝青）**
- 生態 ● **低木（落葉）**
- 原産 ● **在来**
- 分布 ● **本・四・九**

果実は球形で、潰すとさわやかな香りがする

アブラチャン

Lindera praecox
■花期：3〜4月　■果実期：9〜10月　■黄葉：10〜11月

樹皮や種子に油分が多く 古くは灯火用にも使われた

　山地に生え、春、葉が出る前に淡黄色の花が数輪ずつかたまって咲く。雌雄別株（P.14）で、雌株は直径1.5cmほどの丸い果実ができる。材木が丈夫で水分をよく弾くため、かんじきなど雪中民具を作るのにも使われた。別名「ムラダチ」。

近縁種

ヤマコウバシ 山地に自生し、冬も枯れ葉が枝に残って目立つ。なぜか雌株しかない

65

見頃: 4, 10

葉は硬く、傷つけると芳香がある

雄花。直径3.5mmほどで葉わきに集まって咲く

雌花。雄花よりもやや小さく、1本の雌しべと4本の仮雄しべがある

科名	クスノキ
和名	ゲッケイジュ(月桂樹)
生態	高木(常緑)
原産	地中海沿岸
分布	植栽(庭など)

果実は秋に黒く熟す

乾燥させた葉は料理の香りづけに利用される

ゲッケイジュ

Laurus nobilis

■花期:4月 ■果実期:10月

葉は煮込み料理の香りづけに利用される

　地中海沿岸原産で、ローリエやベイリーフの名でハーブとして栽培されることが多い。また、ギリシャでは葉で作った冠をマラソン優勝者の頭にかぶせた。雌雄別株(P.14)で栽培されるものは雄株が多いが、少数ながら雌株も存在する。

花と果実が同時に見られる

科名●	**クスノキ**
和名●	**シロダモ（白だも）**
生態●	**高木（常緑）**
原産●	**在来**
分布●	**本（南東北以南）・四・九・沖**

雌花。1本の雌しべと6本の仮雄しべがある

雄花。6本の雄しべがある

シロダモ

Neolitsea sericea
■花期：10～11月　■果実期：10～12月

若葉は白っぽい毛に覆われベルベットのような触り心地

　寒冷地を除く山野に広く自生する雌雄別株（P.14）の常緑高木。果実は1年かけて翌年の秋に熟すため、花と赤い果実が同じ時期に楽しめる。枝先の若葉はやわらかく垂れ下がり、白っぽい毛に覆われてふかふかしている。

枝先の若葉は白い毛に覆われている

果実は直径1.5cm程度。花後1年かけて赤く熟す

枝先につく赤い果実が美しい

花に花びらやがくはない。子房の横に雄しべが1個つくだけのシンプルな構造

- 子房
- 雄しべ

科名	センリョウ
和名	センリョウ(千両)
生態	小低木(常緑)
原産	在来
分布	本・四・九・沖

葉は強い光沢があり、縁がギザギザしている

キミノセンリョウ センリョウの品種で果実は黄色く熟す

センリョウ

Sarcandra glabra

■花期:6〜7月　■果実期:11〜翌3月

マンリョウなどとともに赤い実を正月飾りに使う

　暖地の山林中に自生し、庭園にも広く栽培される。冬に赤い実がなり、縁起物としてマンリョウとともに正月飾りに使われる。また植栽されて木になった実を鳥が食べ、あちこちに運ぶため本来の分布域外でも野生化している。

雌株は、秋に赤い果実ができる

丸い葉が互い違いにつく

科 名	サルトリイバラ
和 名	サルトリイバラ(猿捕茨)
生 態	つる性(落葉)
原 産	在来
分 布	ほぼ全国

サルトリイバラ

 Smilax china
■花期:4〜5月　■果実期:11〜12月

林縁に絡まるように育ち 秋の赤い実が美しい

　山野の林縁などでよく見られる雌雄別株（P.14）のつる植物。雌株は秋に赤い果実をつける。名前は、茨のように刺があって、猿も引っかかってしまうという意味がある。西日本では餅を包むのにこの葉を使う。別名「サンキライ」。

雄花の集まり。1つの花の雄しべは6本

雌花の集まり。花の中央に緑色の玉のような雌しべが見える（赤枠）

葉のように見える部分は枝が変化したもの

雌花。花被片（P.14）6枚のうち、内側の3枚は細長い

科名	● クサスギカズラ
和名	● ナギイカダ（梛筏）
生態	● 小低木（常緑）
原産	● 地中海沿岸
分布	● 植栽（庭など）

果実は赤い球形で美しい

葉状枝の先は鋭くとがって痛い

ナギイカダ

Ruscus aculeatus
■花期:3〜5月 ■果実期:10〜11月

葉の上に花や果実が載ったような姿が個性的

　庭園に植栽され、丈が低く枝が緑色のため、まるで草のよう。葉のように見える部分は枝が変化してできた葉状枝といい、本当の葉はとても小さい。花や果実は葉状枝の上に載るようにつく。葉状枝の先は刺状で触ると痛い。

初夏、葉のつけ根から花穂を出す

果実は直径1cm程度で熟すと灰青色になる

科名	● ヤシ
和名	● シュロ（棕櫚）
生態	● 小高木（常緑）
原産	● 中国
分布	● 各地に野生化

シュロは葉先が垂れ下がる

シュロ

Trachycarpus fortunei
■花期:5～6月 ■果実期:10～11月

手のひらのように切れ込んだ大きな葉がよく目立つ

　古くから庭などに栽培され、鳥が実を食べてタネをあちこちに運ぶため、各地で野生化している。幹を覆う繊維状の古い葉鞘を集めて、縄やほうきが作られる。また材木には年輪がなく、鐘をつくための撞木としても利用される。

トウジュロ
中国原産で葉先は垂れない。庭園などに栽培される

つる植物であちこちに絡みつく

雄花。雄しべ6本が合着して柱状になる

雌花。3本の雌しべがある

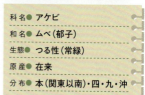

科名	アケビ
和名	ムベ（郁子）
生態	つる性（常緑）
原産	在来
分布	本（関東以南）・四・九・沖

果実は長さ5〜8cm。熟しても裂開しない

小葉は5〜7枚。表面に光沢があり分厚い

ムベ

Stauntonia hexaphylla

■花期:4〜5月 ■果実期:10〜11月

暖地に多いアケビの仲間で果実は生で食べられる

　暖地の海岸近くの常緑樹林内に自生するほか、広く植栽される常緑性のつる植物。アケビの仲間で常緑であることから、「トキワアケビ」の別名も。熟した果実は果肉が甘く生食可能。雌雄同株（P.14）だが、結実には2株以上必要。

1本の花穂に多数の雄花と1〜3個の雌花がつく

見頃
1
2
3
4
5
6
7
8
9
10
11
12

- 科名● **アケビ**
- 和名● **アケビ(木通・通草)**
- 生態● **つる性(落葉〜半常緑)**
- 原産● **在来**
- 分布● **本・四・九**

葉は5小葉(小葉が5枚)。縁に鋸歯(P.11)はないことが多い

アケビ

Akebia quinata
■花期:4〜5月 ■果実期:9〜10月

果実は甘い果肉を生食するほか 皮も炒め物などに利用できる

　山野に多いつる植物で、葉は5小葉(しょうよう)。果実は熟すとパカッと開き、そこから「開け実」の名がついたとする説がある。果実は食用になるが、種子は噛むと強いえぐみがある。つるはしなやかで折れにくく、リース作りの材料にもなる。

果実は熟すと真ん中からパカッと開く

園芸種

シロバナアケビ
園芸種で白い花を咲かせる

花は濃赤紫色。大きな花が雌花で、雄花は穂先に多数集まってつく

小葉は3枚で、縁に波状の鋸歯がある

科名	アケビ
和名	ミツバアケビ(三葉木通・三葉通草)
生態	つる性(落葉〜半常緑)
原産	在来
分布	北・本・四・九

ミツバアケビ

Akebia trifoliata

■花期:4〜5月　■果実期:9〜10月

アケビの仲間で小葉は3枚 果実は生で食べられる

果実は熟すと赤紫色になり、真ん中から裂ける

近縁種

ゴヨウアケビ アケビとミツバアケビの雑種で結実しない。小葉の枚数は不定

　アケビと同様に山野に生え、両者の雑種ゴヨウアケビもしばしば見られる。ミツバアケビは3小葉で、縁に波状の鋸歯(P.11)がある。秋にできる果実は食べられる。アケビやミツバアケビは落葉性だが、暖地では冬に葉が残ることも。

雄花。雄しべは6本。花びらも6枚あり、先が2つに切れ込む

雌花。雌しべは6本ある

果実は一見おいしそうだが有毒

- 科 名● ツヅラフジ
- 和 名● アオツヅラフジ(青葛藤)
- 生 態● つる性(落葉)
- 原 産● 在来
- 分 布● 北・本(関東以西)・四・九・沖

アオツヅラフジ

Cocculus trilobus

■花期:7〜8月 ■果実期:10〜12月 ■黄葉:10〜12月

秋の果実はブドウのようだが有毒で食べられない

　都市部の道端にもよく見られるつる植物。雌雄別株(P.14)で、いずれも夏に小さな花をつける。雌株は秋にブドウのような果実ができるが有毒。乾燥させたつるは、つる細工の素材になる。「カミエビ」「ピンピンカズラ」の別名も。

葉の形は変化が大きい

果実の中にある核は、まるでアンモナイトのような形

春に黄色い花を咲かせる

冬芽（P.12）は刺の根もとにつくが小さくて目立ちにくい

花びら、がくともに6枚。がくも花びらと同じ色をしている

科名●	メギ
和名●	メギ（目木）
生態●	低木（落葉）
原産●	在来
分布●	本（南東北以南）・四・九

メギ

 Berberis thunbergii

■花期:4月　■果実期:10〜11月　■紅葉:10〜11月

古くは枝葉の煎じ汁で目を洗ったため「目木」

　山野に自生する落葉低木で、春に黄色い花を下向きに咲かせる。秋になると、赤く丸い果実がいくつもぶら下がるが、食味はまずいといわれる。枝には鋭い刺が多数あるため、「コトリトマラズ」や「ヨロイドウシ」の別名がある。

果実は秋に赤く熟す

園芸種

アカバメギ
赤紫色の葉をつける園芸種

秋から冬にかけ多数の赤い果実が目立つ

見頃
1
2
3
4
5
6
7
8
9
10
11
12

科名●	メギ
和名●	ナンテン(南天)
生態●	低木(常緑)
原産●	中国
分布●	植栽、しばしば野生化

つぼみの時点で多数の花被片(P.14)があるが、開花と同時にほとんど脱落し、内側の6枚が残る

ナンテン

Nandina domestica
■花期:5〜6月 ■果実期:10〜12月

古くからおなじみの庭木で秋に赤い果実を多数つける

古くから庭木として栽培され、民間薬としても用いられてきた。赤飯には殺菌と厄除けのためナンテンの葉を添える風習がある。冬の赤い実は正月飾りなどにも使われる。野鳥が実を食べてタネを運ぶため、各地で野生化している。

シロミナンテン
果実は白色に熟す

オタフクナンテン
背が低く葉の幅は広め。秋の紅葉が美しい

77

大きく茂らないので庭木として人気がある

花は直径5mmほど。花びらとがくはそれぞれ6枚

科名	● メギ
和名	● ヒイラギナンテン（柊南天）
生態	● 低木（常緑）
原産	● 中国〜ヒマラヤ・台湾
分布	● 植栽、しばしば野生化

ヒイラギナンテン

Berberis japonica
■花期:3〜4月　■果実期:6〜7月

古くから植栽され、ヒイラギのような葉が羽状につく

果実は初夏に青黒く熟す

ホソバヒイラギナンテン
中国原産の近縁種で小葉が細長い。庭園に植えられる

　日本には江戸時代に渡来し、庭園に広く植栽される。幹は直立し、葉は枝先に集まってつく。奇数羽状複葉（P.12）で、個々の小葉はヒイラギにそっくり。近年は近縁種や交雑種もさまざま導入され、「マホニア」の名前で流通している。

テッセン 中国原産の野生種

科名	キンポウゲ
和名	テッセン（鉄線）
生態	つる性（落葉）
原産	中国
分布	植栽（庭など）

代表種：テッセン

クレマチス、江戸紫。花の紫色が美しい

クレマチスの仲間

Clematis spp.
■花期：種類による

クレマチスはセンニンソウ属の園芸種を総称したもの

　キンポウゲ科センニンソウ属は世界に約300種あり、それらをもとに毎年次々新しい園芸種が作出されている。日本では山地に自生するカザグルマとその改良品種が江戸時代に栽培されたが、今はヨーロッパ系の園芸種が主流。

カザグルマ 花の直径は約10cm

クレマチスの中には花の形が異なる品種が多数ある

刈り込みに強いので庭木や生垣に使われる

1個の雌花と数個の雄花が葉わきにかたまって咲く

科 名	● ツゲ
和 名	● ツゲ(黄楊)
生 態	● 小高木(常緑)
原 産	● 在来
分 布	● 本(関東以西)・四・九

代表種：ツゲ

ツゲの仲間

Buxus spp.
■花期:3〜4月 ■果実期:10月

モチノキ科のイヌツゲに対しホンツゲとも呼ばれる

葉は対生してつく

果実の先に花柱が残り、独特な形となる

　関東以西の山地に自生し、ときに生垣用に栽培される。近年はヨーロッパ原産のセイヨウツゲ（ボックスウッド）も使われる。材木は櫛や印鑑、将棋の駒などに使われる。春、葉わきに1個の雌花と数個の雄花がかたまって咲く。

葉は濃い緑色で、強い光沢がある

見頃
1
2
3
4
5
6
7
8
9
10
11
12

- 科名● ツゲ
- 和名● サルココッカ
- 生態● 低木(常緑)
- 原産● 中国〜ヒマラヤ
- 分布● 植栽(公園など)

代表種：サルココッカ・コンフーサ

雄花。花びらはないが、雄しべの花糸が白く目立つ

サルココッカの仲間

Sarcococca spp.
■花期：2〜4月 ■果実期：11〜翌2月

日陰でも育ち成長が遅いので都市部の植え込みに向く

　サルココッカの仲間は世界に11種あり、そのうち数種類が栽培されている。いずれも寒さは苦手だが、成長が遅くて剪定の手間がかからず、日陰でもよく育つため、都市部のビル間緑地などに植えられる。

雌花には2個の柱頭がある

果実は熟し始めのころは赤色で、完熟すると黒くなる

ボタン

Paeonia suffruticosa
■花期:4～5月 ■果実期:9月

科名●	ボタン
和名●	ボタン(牡丹)
生態●	低木(落葉)
原産●	中国
分布●	植栽(庭など)

春に直径20～30㎝にもなる大きな花を咲かせる

日本には古い時代に渡来し、現在に至るまで春の花木として人気が高い。一重咲きと八重咲きがあり、白、ピンク、赤、黄色など花色も豊富。冬に咲く系統もあり寒牡丹と呼ばれる。二十日草（かぐさ）、深見草（ふかみぐさ）、名取草（なとりぐさ）など別名も多い。

花色が豊富で多くの園芸種が存在する

枝先に大きな花を1輪ずつつける

樹高は1～2mくらい

ボタンは草ではなく樹木のため、新芽は枝から出る

果実は袋果(P.14)で、熟すと割れて中から黒い種子が顔を出す

寒牡丹 真冬の寒い時期、専用のわら小屋に保護されて花を咲かせていた

ボタンの花色は白色～赤紫色系が多いが、まれに黄色系の花をつけるものもある

果実は袋果で、中に数個の種子が入っている

ボタンと同様に広く栽培される

草なので地上部は冬に枯れ、春、株元から新芽を出す

近縁種

シャクヤク

Paeonia lactiflora など
■花期:4～6月　■果実期:6～7月

雰囲気はボタンに似ているが、木ではなく草

　同じボタン科なので雰囲気はよく似るが、木ではなく多年草。栽培品種には大きく分けて中国原産のシャクヤク、ヨーロッパ原産のオランダシャクヤク（ピオニー）、両者の雑種の3つの系統がある。根は生薬として利用される。

秋の紅葉がとても美しい

雄花の穂。花は雄花・雌花とも花びらはない

雌花の穂。丸く集まってぶら下がる

科名	フウ
和名	モミジバフウ(紅葉葉楓)
生態	高木(落葉)
原産	北アメリカ
分布	植栽(公園など)

モミジバフウ

Liquidambar styraciflua

■花期:4月 ■果実期:11〜12月 ■紅葉:10〜11月

大きなモミジのような葉は秋に色鮮やかに紅葉する

葉は手のひら状に切れ込む

多数の果実が集まり、直径3〜4cmほどの丸い集合果(P.14)となる

公園などによく植えられ、樹高20m以上になることも多い。葉は巨大なモミジのような形で秋に紅葉する。果実はいがぐりのような形で、すき間から翼のついた種子が飛び出す。新しい分類体系ではマンサク科からフウ科になった。

庭や公園によく植えられる

見頃
1
2
3
4
5
6
7
8
9
10
11
12

葉は楕円形で若葉は紅紫色

- 科 名● マンサク
- 和 名● ベニバナトキワマンサク（紅花常磐満作）
- 生 態● 小高木（常緑）
- 原 産● 中国
- 分 布● 植栽（庭など）

ベニバナトキワマンサク

 Loropetalum chinense var. *rubrum*
■花期:4〜5月　■果実期:11〜翌2月

紅紫色の細長い花弁が印象的な中国原産の花木

　トキワマンサクの変種で花は紅紫色。トキワマンサクとともに公園や庭に植えられる。なおトキワマンサクの花は白色で、国内での自生は伊勢神宮（三重県）、湖西市（静岡県）、小岱山（熊本県）の3カ所のみ。いずれも春に咲く。

開いて種子を飛ばしたあとの果実

母種

トキワマンサク
花は白色で、たまに栽培される

見頃
1 / 2 / 3 / 4 / 5 / 6 / 7 / 8 / 9 / 10 / 11 / 12

葉が出る前、枝いっぱいに花を咲かせる

葉は左右非対称で若干歪んで見える

科 名	マンサク
和 名	マンサク(満作)
生 態	低木(落葉)
原 産	在来
分 布	本(関東以西)・四・九

花びらは4枚で、まるで錦糸卵のよう

果実は熟すと2つに割れ、種子を2個出す

近縁種

シナマンサク 中国原産。枯れ葉は花期でも枝に残る

マンサク

Hamamelis japonica

■花期:3〜4月 ■果実期:9〜10月 ■紅葉:10〜12月

早春の山でいち早く枝いっぱいに花を咲かせる

　関東以西の山地に生え、早春、葉が出る前に黄色い花を一斉に咲かせる。名前の由来には、枝いっぱいに花を咲かせることから豊年満作の満作が当てられたという説と、「早春にまず咲く」から来ているという説の2つがある。

春、葉が出る前にやさしい黄色の花を咲かせる

科名	マンサク
和名	ヒュウガミズキ（日向水木）
生態	低木（落葉）
原産	在来
分布	本（北陸・近畿北部）

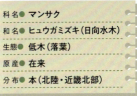
1つの穂につく花は1〜3個と少ない

雄しべの葯（花粉を出すところ）は黄色

ヒュウガミズキ

Corylopsis pauciflora
■花期:3〜4月　■果実期:10月〜11月

ヒュウガ（日向）とつくが宮崎県には自生しない

自生は北陸周辺の山地のみだが、庭や公園に広く植栽され目にする機会は多い。春に新葉と同時に淡黄色の短い花穂（P.14）を出す。穂につく花の数は1〜3個程度で、雄しべの葯は黄色。トサミズキなどの近縁種も同様に栽培される。

葉は卵形で薄い

近縁種
トサミズキ 自生は高知県のみで、穂につく花は7〜10個

秋の黄葉はとても美しい

雄花。花弁とがくはなく、雄しべがぶら下がる

雌花。紅紫色の雌しべが数本つく

- 科名 ● **カツラ**
- 和名 ● **カツラ(桂)**
- 生態 ● **高木(落葉)**
- 原産 ● **在来**
- 分布 ● **北・本・四・九**

葉は広卵形で基部はハート形になる

樹皮は赤みがかった色

果実はバナナのような形で、中に多数の種子が入っている

カツラ

Cercidiphyllum japonicum

花期:3〜5月 果実期:10〜11月 黄葉:10〜12月

晩秋、落葉が始まるとほのかに甘い香りが漂う

　山地の沢沿いに生え、公園や街路にも植えられる。雌雄別株(P.14)で、4月頃に咲く花は雄花・雌花とも花びらもがくもない。秋の枯れ葉に甘い香りがあり、古くは抹香にした。材木は囲碁盤や将棋盤にも使われる。別名「オカズラ」。

葉は長楕円形で、枝先に集まってつく

科名	ユズリハ
和名	ユズリハ(譲葉・楪)
生態	高木(常緑)
原産	在来
分布	本(南東北以南)・四・九・沖

雄花。花びらとがくはなく、雄しべのみ

雌花。赤紫色の柱頭が目立つ

ユズリハ

 Daphniphyllum macropodum
■花期:5〜6月　■果実期:11〜12月

縁起のよい木とされ葉は新年のお飾りに使われる

　春先に新しい葉が出ると、古い葉が譲るように落葉するため、切れ間なく世代交代が行われる縁起のよい木とされる。多雪地帯では、積雪に適応するため枝がしなるように伸び、背が高くならない変種のエゾユズリハが生える。

果実は初冬に黒く熟す

ぷっくり膨らんだ冬芽(P.12)は葉柄と同じ紅色で存在感がある

樹木なるほどコラム❷

よく聞く有名な木（海外編）

マロニエ、プラタナスなど、通りや建物の名前にも使われる
海外の樹木について解説します。

ポプラ

■花期:3月　■果実期:5月

縦に細長い樹形が特徴

ヤマナラシ（Populus）属の総称で、セイヨウハコヤナギが最もポピュラー。白くてふわふわとした種子ができ、風に乗って雪のように舞う。

- 科名／ヤナギ
- 和名／セイヨウハコヤナギなど
- 生態／高木（落葉）　　○原産／ヨーロッパなど
- 分布／植栽（街路など）

上に向かって高くそびえ立つ樹形は圧巻

マロニエ

■花期:5～6月　■果実期:9～10月

ヨーロッパ原産のトチノキ

日本の山野に自生するトチノキの仲間で、ヨーロッパやアメリカでは街路樹としておなじみ。果実にはトゲがある。

- 科名／ムクロジ
- 和名／セイヨウトチノキ
- 生態／高木（落葉）　　○原産／ヨーロッパ
- 分布／植栽（公園など）

葉は掌状複葉（しょうじょうふくよう、P.12）

花は白色で雰囲気がトチノキに似ている

プラタナス

■花期:4〜5月　■果実期:10〜翌3月

街路樹としておなじみ

スズカケノキとアメリカスズカケノキの交雑種。スズカケノキの仲間で最もよく見かける。

成長が早くて都市環境にも強い

- 科名／スズカケノキ
- 和名／モミジバスズカケノキ
- 樹生態／高木（落葉）
- 原産／園芸交雑種
- 分布／植栽（街路など）

まだら模様の樹皮が特徴的

小さな果実が集まり、丸い実のように見える

ユーカリ

■花期:2〜5月

オーストラリアを代表する樹種

この仲間は700種以上あり、オーストラリアに多い。うち10種程度の葉がコアラの食糧になる。

ユーカリの一種。樹皮が白くはがれるタイプ

つぼみはキャップ状の花びらに覆われる

- 科名／フトモモ
- 和名／ユーカリノキ
- 生態／高木（常緑）
- 原産／オーストラリア
- 分布／植栽（公園など）

ジャスミン

■花期:8〜10月

香り高い花をブレンド茶などに

モクセイ科ソケイ（Jasminum）属の総称。日本ではオオバナソケイ（ロイヤルジャスミン）やハゴロモジャスミン、マツリカなどがよく栽培される。

- 科名／モクセイ　和名／ソケイ（素馨）
- 生態／つる性（常緑）　原産／熱帯アジア
- 分布／植栽（庭など）

オオバナソケイ 花の香りがよい

平地でも比較的よく見られる

花びらは開花と同時にポロっと落ちてしまう

← 花びら

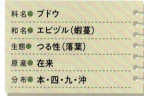

科名	● ブドウ
和名	● エビヅル（蝦蔓）
生態	● つる性（落葉）
原産	● 在来
分布	● 本・四・九・沖

小さなブドウのような果実がなり、生で食べられる

晩秋、色鮮やかに紅葉する

エビヅル

Vitis ficifolia

■花期:6～8月 ■果実期:10～11月 ■紅葉:11～12月

**ブドウに似た果実は
甘酸っぱくて食べられる**

　果樹のブドウと同じ仲間で、林縁などに絡みつくように生育している。花は小さく、開花とともに花びらはポロっと落ちてしまう。秋に小さなブドウの房のような果実ができ、これを潰したときに出る紫色は「えび色」という。

道端などでよく見かけるつる植物

見頃
1
2
3
4
5
6
7
8
9
10
11
12

- 科名● ブドウ
- 和名● ノブドウ(野葡萄)
- 生態● つる性(落葉)
- 原産● 在来
- 分布● ほぼ全国

果実はさまざまな色が混ざり、カラフルだが食べられない

ノブドウ

Ampelopsis glandulosa var. *heterophylla*
■花期:7～8月 ■果実期:9～11月

果実は食べられないが カラフルで美しい

　道端などに生え、秋にできる果実はカラフルに色づく。ただ、ブドウタマバエなどの幼虫が寄生していることも多いため、食用にはならない。葉の切れ込み方には個体差があり、特に切れ込みの深いものは「キレハノブドウ」と呼ぶ。

キレハノブドウ 葉の切れ込みが特に深いもの 〈品種〉

ニシキノブドウ ノブドウの斑入り種でまれに栽培される 〈園芸種〉

壁面を覆い尽くすツタ

花は葉に隠れるように咲くため見つけにくい

科名	● ブドウ
和名	● ツタ(蔦)
生態	● つる性(落葉)
原産	● 在来
分布	● 北・本・四・九

紅葉し、黒い実ができる

巻きひげの先にある吸盤で、壁などにがっしりとくっつく

ツタ

 Parthenocissus tricuspidata

■花期:6〜7月 ■果実期:10〜12月 ■紅葉:10〜12月

吸盤でがっしりと岩壁をとらえながらつるを伸ばしていく

　各地の山野に自生するつる植物。ウコギ科のキヅタ（P.277）に似るが、こちらは落葉樹で冬は葉が落ちるため「ナツヅタ」ともいう。冬に樹液を集めて煮詰めたものは甘葛(あまづら)と呼ばれ、平安時代には甘味料として使われた。

穂は長く、根元から先端に向かって咲き進む

見頃
| 1 |
| 2 |
| 3 |
| 4 |
| 5 |
| 6 |
| 7 |
| 8 |
| 9 |
| 10 |
| 11 |
| 12 |

果実の表面は毛が多く、ビロードのような肌触り

科名●	マメ
和名●	フジ（藤）
生態●	つる性（落葉）
原産●	在来
分布●	本・四・九

花は蝶形花。旗弁（上側の花びら）が大きい

フジ

Wisteria floribunda
■花期:5〜6月 ■果実期:10〜12月 ■黄葉:11〜12月

初夏に咲く花木の代表
花の色は藤色と称される

　山林に広く自生し、公園などにもよく植えられる。栽培品種も多く、白や桃色の花をつけるものや、穂が1m近くになるものなどがある。花に来るクマバチは羽音に迫力があるが、性格は穏やかで刺される心配はない。別名「ノダフジ」。

八重黒竜 八重咲きの園芸種

シロバナフジ 白い花を咲かせる品種

見頃: 4, 5, 8, 9, 10

枝はゆるやかにしなだれ、春に大きな黄色い蝶形花を多数つける

果実はいわゆる「豆」で真っ黒に熟す

科名	マメ
和名	エニシダ（金雀枝）
生態	低木（落葉）
原産	ヨーロッパ
分布	植栽（庭など）

エニシダ

Cytisus scoparius

■花期:4〜5月　■果実期:8〜10月

春に咲く花はかわいらしいが猛毒植物としての裏の顔をもつ

江戸時代に渡来したヨーロッパ原産の花木。オランダ名のゲニスタが転訛（てんか）してエニシダという日本名になったという。愛でるだけなら問題ないが、有毒なので食べてはいけない。最近は別種のヒメエニシダが鉢植えなどで栽培される。

園芸種
ホオベニエニシダ
翼弁（下側の左右にある2枚の花びら）が赤い園芸種

近縁種
ヒメエニシダ
花は枝先に穂になって咲く

秋の七草のひとつで、野山をやさしく彩る

見頃
1
2
3
4
5
6
7
8
9
10
11
12

- 科名● マメ
- 和名● ヤマハギ（山萩）
- 生態● 低木（落葉）
- 原産● 在来
- 分布● 北・本・四・九

花はマメ科特有の蝶形花。長さは約1.5cm

果実は小さな豆果で、種子は1個入る

ヤマハギ

Lespedeza bicolor

■花期:7〜9月　■果実期:11〜12月

ハギの仲間の代表種で
ススキ草原や林縁に多い

　俗にハギと呼ばれるものはマメ科ハギ属ヤマハギ亜属の総称で、野生種、園芸種ともに種類が多い。野生種の代表はヤマハギ、園芸種の代表はミヤギノハギといえる。ヤマハギは夏〜秋に赤紫色の花を枝いっぱいに咲かせる。

近縁種

ミヤギノハギ よく栽培されるハギは梅雨頃から咲き始める

近縁種

シラハギ 白い花のハギで、たまに栽培される

フジのような白い花穂がいくつもぶら下がる

花は蜜をたっぷり含み、香りもよい

科名	マメ
和名	ハリエンジュ（針槐）
生態	高木（落葉）
原産	北アメリカ
分布	各地に野生化

果実は平たい豆果で、熟すと茶色くなる

ハリエンジュ

Robinia pseudoacacia
■花期:5～6月　■果実期:10～12月

**有用樹だが各地で野生化
産業管理外来種に選ばれる**

　成長が早く根が張るため砂防用に、また花の蜜が豊富であるため蜜源植物に利用される。しかし繁殖力が非常に強く、河川敷などで繁茂している。そのため産業管理外来種や「日本の侵略的外来種ワースト100」に選定されている。

葉は奇数羽状複葉（P.12）で、小葉は楕円形

街路樹としてもよく植えられる

見頃
1
2
3
4
5
6
7
8
9
10
11
12

科名●	マメ
和名●	エンジュ（槐）
生態●	高木（落葉）
原産●	中国
分布●	植栽（街路など）

花は薄い黄色で、枝先に集まって咲く

エンジュ

Styphnolobium japonicum
■花期：7〜8月　■果実期：10〜11月

ゼリービーンズのような不思議な形の実ができる

　原産地の中国では高貴な木とされ、学業成就や立身出世のシンボルとして知られる。日本でも古くから街路樹や庭木として栽培され、花やつぼみからは黄色い染料が採れる。またつぼみや種子は生薬として使われる。

種子は果実の膨らんだところに1個ずつ入っている

樹皮は縦方向に割れ目が入る

幹や枝にびっしりと花を咲かせる

果実は「豆果」。長さ5〜8cmほどで平べったい

科名	マメ
和名	ハナズオウ(花蘇芳)
生態	低木(落葉)
原産	中国
分布	植栽(庭など)

葉は丸く基部はハート形になる

ハナズオウ

Cercis chinensis

■花期:4月 ■果実期:8〜10月

濃い赤紫色の花を枝にびっしりと咲かせる

シロバナハナズオウ
白い花を咲かせる品種

　中国原産で、古くから庭木として栽培されている。春、まだ葉が出る前に、枝のところどころからつぼみを出し、鮮やかな赤紫色の花がびっしりと密集するように咲く。白い花を咲かせるシロバナハナズオウもたまに栽培される。

葉は2回偶数羽状複葉（P.12）

見頃
1
2
3
4
5
6
7
8
9
10
11
12

科名	● マメ
和名	● ネムノキ（合歓の木）
生態	● 高木（落葉）
原産	● 在来
分布	● 本・四・九・沖

花びらは小さいが、雄しべの花糸は長く赤紫色でよく目立つ

ネムノキ

Albizia julibrissin
■花期：6〜7月　■果実期：10〜12月

花は夕方から開き始め
翌日にはしぼんでしまう

　河原などに自生し、庭木としても栽培されている。葉は暗くなると眠るように閉じるものの、オジギソウとは違って触れただけでは反応しない。花びらは黄緑色で小さいが、多数の赤紫色の雄しべが長く伸び、ふわふわと目立つ。

果実は長さ約10〜15cmで平たく、熟すとカサカサする

葉痕は不気味な顔のようにも見え、中に冬芽が隠れている

101

多数の小さな花が丸く集まって、ポンポンのように見える

花びらは小さい

果実は長さ10cmくらい

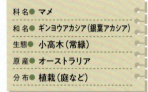

科名●	マメ
和名●	ギンヨウアカシア（銀葉アカシア）
生態●	小高木（常緑）
原産●	オーストラリア
分布●	植栽（庭など）

ギンヨウアカシア

Acacia baileyana

■花期：2〜4月 ■果実期：6月

銀白色の葉と黄色い花が早春の青空によく映える

暖地で庭木として栽培され、早春、黄色いポンポンのような花を枝いっぱいに咲かせる。葉は銀白色で、花期以外もシルバーリーフとして楽しめる。なおヨーロッパでミモザと呼ばれるのは厳密には本種ではなく近縁のフサアカシア。

近縁種

フサアカシア ネムノキのような大きな葉をつける。早春に咲き、蜜源植物にもなる

花穂は新しく伸びた枝の先につく

見頃
1
2
3
4
5
6
7
8
9
10
11
12

科名	バラ
和名	ウワミズザクラ（上溝桜）
生態	高木（落葉）
原産	在来
分布	北・本・四・九

果実は夏に赤や黒に熟し、食べられる

樹皮には短い横線が何本も入る

ウワミズザクラ

Padus grayana
■花期:4〜5月　■果実期:8〜9月　■紅葉:10〜12月

山野に多いサクラの仲間で白い花を穂状に咲かせる

　春、短い枝の先から白い花の穂がのびる。穂のつく枝に数枚の葉がある。古い時代に亀甲占いを行う際、この木の材の上面に溝を彫ったことからウワミゾザクラ（上溝桜）と呼ばれ、それが転訛したのが名の由来といわれる。

近縁種

イヌザクラ 山野に自生するウワミズザクラに似るが、花の形がやや異なり、花穂の下に葉はつかない

ソメイヨシノ エドヒガンとオオシマザクラの雑種で、お花見のサクラの定番

サクラの仲間①

Cerasus spp.
■花期:2〜5月 ■紅葉:9〜11月

サクラの定番ソメイヨシノは江戸末期に登場した

科名	バラ
和名	ソメイヨシノ（染井吉野）
生態	高木（落葉）
原産	園芸交雑種
分布	植栽（庭など）

代表種：ソメイヨシノ

　ソメイヨシノはエドヒガンとオオシマザクラ（P.106）の交雑で生まれた園芸種。江戸末期に染井村（現・東京都豊島区）で「吉野桜」として売り出され全国へと広まった。ただソメイヨシノは比較的短命なため、そろそろ寿命が近づいている。そこで近年は後継品種としてジンダイアケボノが推奨されている。なお生物季節観測の「さくら開花・満開」は原則ソメイヨシノだが、北海道はエゾヤマザクラ、沖縄はカンヒザクラを観測対象にしている。

春の花だけでなく、秋の紅葉も美しい

(上)がくの形や毛の量で種類を見分けられる
(左)冬芽は芽鱗(P.12)に包まれて硬く、寒さからしっかりと守られている

ジンダイアケボノ 東京の神代植物公園で発見。ソメイヨシノの後継として注目される

ヤマザクラ 開花時の新葉の色も美しい

カンヒザクラ 花は下向きにつく

サクラの仲間②

Cerasus spp.
■花期:2〜5月 ■紅葉:9〜11月

科名	バラ
和名	カワヅザクラ(河津桜)
生態	高木(落葉)
原産	園芸交雑種
分布	植栽(公園など)

代表種:カワヅザクラ

ソメイヨシノ以外の サクラにも注目してみよう

　サクラの仲間はとても種類が多く、園芸種群、日本に自生する野生種群、海外から導入された外来種群がある。花期が種類によって少しずつ異なり、ソメイヨシノより早く咲くものも少なくない。野生種群の代表はヤマザクラやオオシマザクラなどで、ソメイヨシノが登場する前はヤマザクラがお花見のサクラだった。またオオシマザクラは葉の塩漬けが桜餅に使われる。

カワヅザクラ 静岡県河津町で発見された

オオカンザクラ カンヒザクラとオオシマザクラの雑種

エドヒガン 山野に生え、がく筒(P.14)は壺形

オオシマザクラ 関東南部〜静岡県に自生

ヨウコウ カンヒザクラとアマギヨシノの交雑による園芸種。花色が濃く美しい

オカメ カンヒザクラとマメザクラの交雑により作出された

カラミザクラ 暖地桜桃とも呼ばれ、果実は食べられる

ヤエベニシダレ いわゆる「しだれ桜」で、花は八重咲き

ケイオウザクラ 冬〜早春の切り花として栽培される

サクラの仲間③

Cerasus spp.
■花期：種類による

科名	バラ
和名	フユザクラ（冬桜）
生態	高木（落葉）
原産	園芸交雑種
分布	植栽（公園など）

代表種：フユザクラ

遅咲きのサクラや秋冬咲きのサクラもある

　ソメイヨシノが散る頃に咲き始めるのがサトザクラの仲間。サトザクラのうち、八重咲きの品種は俗に「八重桜」と呼ばれる。また秋〜冬に開花するものもある。比較的よく見るのはフユザクラ、ジュウガツザクラ、コブクザクラの3種で、これらは花びらの枚数などが異なる。またヒマラヤ原産のヒマラヤザクラが暖地で栽培されており、国内では12月頃に咲いている。

ジュウガツザクラ 花びらは十数枚程度

フユザクラ 花びらは5枚

コブクザクラ 花びらは20〜50枚

ヒマラヤザクラ 冬に花を咲かせる

サトザクラ '関山' いわゆる八重桜の代表的品種で目にする機会も多い

サトザクラ '旭山' 小型なので鉢植えにも向く

サトザクラ '天の川'
枝が直立する

サトザクラ '御衣黄'
淡緑色の花を咲かせる

サトザクラ '普賢象' 2本の雌しべが葉化して突き出る

サトザクラ '鬱金' 淡い黄色の花を咲かせる

ウメ

Prunus mume

■花期:12〜翌3月 ■果実期:6〜7月

科名	バラ
和名	ウメ(梅)
生態	小高木(落葉)
原産	中国
分布	植栽(公園など)

果樹として栽培する実梅と花を観賞する花梅がある

　かなり古い時代に中国から渡来し、今やすっかり日本の風景になじんでいる。園芸種も数多くあり、これらは大きく野梅系、緋梅系、豊後系の3つに分けられる。豊後系はアンズとの雑種でブンゴウメとも呼ばれる。また利用目的から、果実を梅酒や梅干し、薬などに利用する実梅と、花を楽しむ花梅の2つに分けることもある。

白加賀 最もよく栽培される品種のひとつ

果実は梅雨頃に黄色く熟す。果樹用の品種は総称して「実梅」と呼ぶ

鶯宿 実梅系品種でピンクの花を咲かせる

竜峡小梅
実梅系品種。「小梅」と呼ばれるもののひとつで、果実は小さい

緋梅系

緋梅系は枝の断面が赤いもの。俗に紅梅とも呼ばれる。（上）**五節の舞**、（右）**鹿児島紅**

野梅系

冬至 早ければ年内から咲き始める。野梅系は原種に近く、枝の断面は白色

御所紅 花は紅色だが、緋梅系ではなく野梅系

豊後系

ブンゴウメ ウメとアンズの雑種で、花期は遅く3月頃。がくが少し反り返る

近縁種

アンズ 中国原産の果樹で、ウメに似るが花期は遅い

見頃: 3, 4, 7, 8

春、枝いっぱいに花を咲かせる

八重咲きの花をつける品種も多い

果実は一応できるが、食用には向かない

科名	バラ
和名	ハナモモ(花桃)
生態	小高木(落葉)
原産	中国
分布	植栽(庭など)

ハナモモ

Prunus persica

■花期:3〜4月　■果実期:7〜8月

観賞用に栽培されるモモで果実はあまり大きくならない

　果樹でおなじみのモモは春に咲く花が美しいため、観賞用の園芸種も多い。これらを総称してハナモモという。白や赤など花色が豊富で、八重咲き品種もある。また、枝が枝垂れたり、ほうき状に直立したりするものもある。

園芸種

キクモモ 花びらが細く、まるで菊の花のように見える

品種

ゲンペイモモ 花は白とピンクの2色が混じる

花は直径5〜8cmで枝先につく

見頃
1
2
3
4
5
6
7
8
9
10
11
12

- 科名● バラ
- 和名● ハマナス（浜梨）
- 生態● 低木（落葉）
- 原産● 在来
- 分布● 北・本

果実は夏に赤く熟し、食用になる

ハマナス

Rosa rugosa

■花期:6〜8月　■果実期:8〜9月

砂浜に生える日本のバラで花・実ともに美しい

　砂浜に生え、地下茎で横に広がりながら群生する。特に北日本に多く、夏に赤紫色の花を咲かせたあと、丸い実が赤く熟す。この果実は食用になるため、ナシに見立てて浜梨と呼ばれ、それが訛(なま)ってハマナスになったという説がある。

枝には大小さまざまな刺がびっしりと生える

シロバナハマナス
白い花を咲かせる品種で、まれに栽培される

カーディナル 四季咲き品種。いかにもバラという感じの典型的な花色と形

バラの仲間①

Rosa spp.
■花期:3～10月(種類による)

科名●	バラ
和名●	バラ(薔薇)
生態●	低木・つる性(落葉・常緑)
原産●	園芸交雑種
分布●	植栽(庭など)

刺は痛いが、全世界で愛される美しい花の代名詞的存在

※園芸交雑種のため代表品種なし

　バラはバラ科バラ属の園芸種群の総称。枝に鋭い刺を持つものの、花の美しさと香りのよさが魅力的で古くから万人に愛され、バラの香料は紀元前から利用されていた。18世紀、パリ郊外のマルメゾン宮殿に暮らす皇妃ジョセフィーヌは、世界中から複数のバラの原種や栽培品種を集め、育種家に品種改良を行わせた。宮殿ではジョセフィーヌの没後もバラの育種が続けられ、19世紀半ばまでに3000種もの品種が誕生したといわれる。

ジルベール・ベコー
オレンジ色の花を咲かせる

ブルー・リバー 四季咲きのバラ。明るい紫色の花を咲かせ、香りが強い

四季咲きの園芸種。真冬にも関わらず屋外で開花していた

一重咲き品は花弁が5枚

八重咲き品は花弁が20枚以上になることが多い

半八重咲き品は花弁が6〜19枚

枝には硬く鋭い刺がある

バラの果実はローズヒップと呼ばれる

葉は奇数羽状複葉(P.12)で、小葉の枚数は5枚程度

バラの仲間②

Rosa spp.
■花期:3〜10月（種類による）

科名●	バラ
和名●	バラ（薔薇）
生態●	低木・つる性（常緑）
原産●	園芸交雑種
分布●	植栽（庭など）

※園芸交雑種のため代表品種なし

バラの園芸種は無数にあり系統ごとに分類される

　いわゆる園芸のバラは主に北半球に自生する野生種をもとに育成されたもので、今も毎年のように新品種が次々と作出されている。これらは系統ごとに分類され、系統記号で表記されている。例えば、枝がつる性のつるバラはクライミング・ローズ（Cl）、俗にミニバラと呼ばれる小型のバラはミニチュア（Min）など。その他、花びらの形や枚数、花の直径などによる分類もある。

ウルメール・ムンスター
つるバラの系統。濃赤色の大きな花を多数つける

つるバラはフェンスやアーチに絡ませて栽培されることが多い

ミニバラはコンパクトで鉢植えなどに使われる

オレンジメイヤンディナ ミニバラ
系統。朱色の花を多数咲かせる

思い出 淡青紫色の花を咲かせる

ウォーターメロン・アイス
シュラブローズ（半つる性バラ）
の一種。見た目があでやか

バシィーノ シュラブローズ
（半つる性バラ）の一種

モッコウバラ つる性の原種系バラで、八
重咲き（P.14）のものがよく栽培される

イングリッド・ウェイブル
フロリバンダ系。四季咲きの品種

河川敷などの水辺でよく見られる

果実の直径は6〜9mmで赤く熟す

科名	バラ
和名	ノイバラ(野薔薇)
生態	低木(落葉)
原産	在来
分布	北・本・四・九

ノイバラ

Rosa multiflora
■花期:4〜6月　■果実期:9〜11月

もっとも身近な野バラで花の香りがとてもよい

　いわゆる野バラのひとつで、川沿いを中心に身近な場所でごく普通に見られる。春の大型連休のころ多数の白い花が開き、あたりがやさしい香りに包まれる。秋〜冬に小さな丸い果実ができる。枝に鋭い刺があるので気をつけたい。

【品種】

ウスアカノイバラ ピンクの花を咲かせるノイバラの品種

【近縁種】

テリハノイバラ 海岸に多い。葉は光沢があり、地を這う

葉はモミジのように掌状に裂ける

科名●	バラ
和名●	モミジイチゴ（紅葉苺）
生態●	低木（落葉）
原産●	在来
分布●	本（中部以北）

花は下向きにつく。花びらは5枚で白色

モミジイチゴ

Rubus palmatus var. *coptophyllus*
■花期:4〜5月 ■果実期:6〜7月

里山に生える野生のキイチゴ 東西で葉の形が異なる

　東日本に生え、名前のとおりモミジのような形に切れ込む葉をつける。西日本には葉の形が異なる変種のナガバモミジイチゴがある。どちらも梅雨時にオレンジ色の果実ができ、甘酸っぱくておいしいが、枝に刺が多いので注意が必要。

果実はオレンジ色に熟し、生で食べられる

母種

ナガバモミジイチゴ 葉は細くあまり切れ込まない

春の山野で白い花を多数咲かせる

花は直径約4cm。花びらは白色で5枚

科名	バラ
和名	クサイチゴ（草苺）
生態	小低木（落葉）
原産	在来
分布	本・四・九

果実は初夏に赤く熟し、甘酸っぱくておいしい

クサイチゴ

Rubus hirsutus

■花期:3〜4月　■果実期:5〜6月

山野に多いキイチゴで春の花は大きく見映えがする

　地下茎で横に広がるため、しばしば群生している。高さは30〜50cm程度。枝が細くて柔らかいため、まるで草のように見える。初夏に赤い実がなり、生食できるが、結実率はイマイチ。枝葉に細かい刺が多いので注意が必要。

近縁種　バライチゴ　西日本の山地に生え、果実は夏〜秋に熟す

花びらは閉じたままで開かない

見頃
1
2
3
4
5
6
7
8
9
10
11
12

科名● バラ
和名● ナワシロイチゴ（苗代苺）
生態● 小低木（落葉）
原産● 在来
分布● 全国

6月頃、赤くてみずみずしいキイチゴができる

ナワシロイチゴ

 Rubus parvifolius
■花期：5〜6月 ■果実期：6〜7月

名前は苗代を作る頃に
果実が熟すことから来ている

　日当たりのよい場所に生え、地を這うように枝を伸ばす。道端や空き地など街中の環境にも多い。昔は稲の苗代を6月に作ったが、ナワシロイチゴの果実はちょうどその頃に赤く熟す。果実は生食可能で、甘酸っぱくておいしい。

近縁種

フユイチゴ 山地に生える常緑のつる植物。花は秋咲きで、果実は晩秋以降に熟す

枝は細く、ゆるやかにしなだれる

花びらは5枚で鮮やかな黄色

科名	バラ
和名	ヤマブキ(山吹)
生態	低木(落葉)
原産	在来
分布	北(南部)・本・四・九

落葉樹で、晩秋に黄葉する

果実は1〜5個が集まってつく

ヤマブキ

Kerria japonica

■花期:4〜5月　■果実期:9月　■黄葉:10〜12月

鮮やかな黄色い5弁花を枝いっぱいに咲かせる

　山の谷筋に自生するが、花木としても人気があって庭や公園などにも植えられる。八重咲き品種のヤエヤマブキもよく栽培される。名前は山振(やまふぶき)から来ており、細くしなだれる枝が風で揺れる様子からつけられたと考えられている。

ヤエヤマブキ ヤマブキの八重咲き品種。果実はできない

自生はまれだが、庭などによく植えられる

見頃
1
2
3
4
5
6
7
8
9
10
11
12

```
科名● バラ
和名● シロヤマブキ(白山吹)
生態● 低木(落葉)
原産● 在来
分布● 本(北陸～中国地方)
```

花びらは一般に4枚で白色

シロヤマブキ

Rhodotypos scandens

■花期:4～5月　■果実期:9～10月

ヤマブキの白花ではなく まったくの別な種類

　西日本に自生するものの分布はかなり限定的。ただ庭などによく植えられるため、目にする機会は多い。雰囲気がヤマブキに似るものの別種で、ヤマブキ属ではなくシロヤマブキ属。シロヤマブキ属の樹種は世界中で本種のみ。

葉の縁には重鋸歯(P.11)がある

果実は1～4個集まってつき、熟すと黒くなる

春に淡紅色の花を多数咲かせる

半八重咲きになった花も混じる

花びらが5枚前後の一重咲きの花

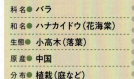

科名	バラ
和名	ハナカイドウ（花海棠）
生態	小高木（落葉）
原産	中国
分布	植栽（庭など）

長い花柄があり、花は垂れ下がるように咲く

がくは暗い紅色

ハナカイドウ

Malus halliana
■花期：4月

リンゴの仲間で春の花木として栽培される

　単にカイドウとも呼ばれる。中国原産で、古くから庭木として栽培される。花期は春で、紅紫色で枝先からぶら下がるように咲く。花びらの枚数は5〜10枚程度と幅があり、半八重咲きになるものも多い。果実はほとんどできない。

土手の斜面など明るい場所に多い

科名●	バラ
和名●	クサボケ（草木瓜）
生態●	小低木（落葉）
原産●	在来
分布●	本・四・九

葉のつけ根に扇形の大きな托葉（P.10）が2つある

クサボケ

Chaenomeles japonica
■花期:4〜5月　■果実期:11〜12月

草地に生える野生のボケで春に朱色の花を咲かせる

　明るい草地などに生え、春に朱色の花を多数咲かせる。樹高は50㎝前後のことが多いが、草刈りされる場所では地面すれすれで開花することも。直径3〜4㎝程度の果実ができ、果実酒や塩漬けなどに利用される。別名「シドミ」。

枝には鋭い刺がある

果実は硬くて酸っぱいが、香りはよい

クサボケに比べると背が高くなる

見頃: 3, 4, 11

ピンクの花を咲かせる園芸種

真っ赤な花を咲かせる園芸種

科名	バラ
和名	ボケ（木瓜）
生態	低木（落葉）
原産	中国
分布	植栽（庭など）

果実はいびつな形。果実酒や生薬として使われる

冬芽。3つの赤い芽は花芽

ボケ

Chaenomeles speciosa

■花期：3〜4月　■果実期：11〜12月

観賞用に栽培されるボケで盆栽の素材としても人気

　平安時代に中国から渡来したといわれる。ウメと同様に庭木や盆栽に使われ、日本の風景にすっかりなじんでいる。白、ピンク、赤など花色が豊富で、八重咲きもある。名前は中国名のモッカ（木瓜）が転訛したといわれている。

樹皮が不規則にはがれ、まだら模様になる

春に紅色の花を咲かせる

見頃
1
2
3
4
5
6
7
8
9
10
11
12

科名●	バラ
和名●	カリン（花梨）
生態●	高木（落葉）
原産●	中国
分布●	植栽（果樹）

果実の長さは約10〜15cm。香りはよいがそのままでは食べられない

カリン

Pseudocydonia sinensis
■花期:4〜5月　■果実期:10〜11月

果実は喉によいとされ
はちみつ漬けなどにする

　古い時代に中国より渡来した果樹で、東北地方など涼しい地域を中心に広く栽培されている。秋に甘い香りのする黄色い果実ができるが、生のままでは硬くて食べられない。はちみつ漬けやジャム、果実酒として利用される。

近縁種

マルメロ　中央アジア原産で秋に洋ナシのような果実ができ、ジャムなどにする。国内主産地は長野県

春、短枝の先に白い小さな花が集まってつく

長い柄の先に果実がつく。柄は皮目が多くボコボコしている

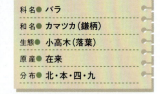

科名● バラ
和名● カマツカ(鎌柄)
生態● 小高木(落葉)
原産● 在来
分布● 北・本・四・九

個体によっては枝先や葉裏などに白い綿毛がある

冬芽は赤褐色で先がとがる

カマツカ

Pourthiaea villosa

■花期:4〜6月 ■果実期:10〜11月 ■黄葉:10〜11月

牛の鼻輪を通すときに枝を使うため別名「ウシコロシ」

　山野に自生する落葉小高木で、硬くて折れにくい材木が採れることから、鎌の柄に利用される。葉などに白い軟毛が密生するものをワタゲカマツカ、毛の少ないものをケカマツカと呼ぶが、毛の多少は個体差があり区別は難しい。

新葉は鮮やかな紅色でよく目立つ

科名	バラ
和名	レッドロビン
生態	小高木（常緑）
原産	園芸交雑種
分布	植栽（公園など）

花は直径約7mm。多数の花が花笠状に集まって咲く

レッドロビン

Photinia × fraseri 'Red Robin'
■花期:4〜5月

鮮やかな赤い新芽が美しく生垣に利用される

　レッドロビンはカナメモチとオオカナメモチを交雑して作られた園芸種。刈り込みに強く、新芽は鮮やかな紅色で美しいため生垣によく利用される。また、乾燥にも強いため、都市部の緑化用樹種としても人気が高い。

まれに結実することがある

葉は厚く、強い光沢がある

見頃: 4, 5, 6, 10, 11

野生のものは海沿いに多く見られる

果実は直径約1cm。熟すと藍色になる

科名	バラ
和名	シャリンバイ（車輪梅）
生態	低木（常緑）
原産	在来
分布	本（南東北以南）・四・九・沖

葉が丸いものはマルバシャリンバイと呼ばれる

園芸種

ベニバナシャリンバイ ピンクの花を咲かせる園芸種

シャリンバイ

Rhaphiolepis indica var. *umbellata*

■花期:4〜6月 ■果実期:10〜11月

大気汚染や排ガスに強く都市部の植栽によく使われる

　海岸近くの樹林に自生する常緑低木で、公園や道路の植え込みなどにもよく植えられている。葉が丸みを帯び、背が高くならないものをマルバシャリンバイと呼ぶこともあるが、中間的な株も多いため区別は難しい。

晩秋から初冬にかけて開花する

科名	バラ
和名	ビワ（枇杷）
生態	小高木（常緑）
原産	諸説あり
分布	植栽（果樹）

花の直径は約1㎝。がくや花柄に茶色い毛が多い

ビワ

 Eriobotrya japonica
■花期：11～翌1月 ■果実期：5～6月

暖地で栽培される果樹で冬に花を咲かせる

　実を食べるために庭で栽培され、タネでよく増えるため人家近くで野生化している。また暖かい地域では生産栽培が行われており、主産地は長崎県や千葉県などである。初夏に熟す果実は甘くておいしい。葉は生薬に用いられてきた。

冬芽と葉痕（P.12）。冬芽は暖かそうな綿毛に覆われる

果実は甘くておいしいが、中に大きな種子が入っている

秋空に真っ赤な果実がよく映える

初夏、白い花を枝いっぱいに咲かせる

科名	バラ
和名	トキワサンザシ（常磐山樝子）
生態	低木（常緑）
原産	西アジア
分布	植栽（庭など）

代表種：トキワサンザシ

ピラカンサの仲間

Pyracantha spp.
■花期：5～6月　■果実期：10～翌2月

枝いっぱいにつく果実で冬の庭園を鮮やかに彩る

果実の柄が長く黄色っぽく熟すタイプ

タチバナモドキ
果実は熟すと黄橙色になる

　ピラカンサはトキワサンザシ（Pyracantha）属の総称。タチバナモドキ、カザンデマリ、トキワサンザシと、その雑種が栽培されるが、区別が難しい株も多い。秋～冬に赤やオレンジ、黄橙色(きだいだい)の鮮やかな果実が枝いっぱいにつく。

初夏に白い花を多数咲かせる

見頃
1
2
3
4
5
6
7
8
9
10
11
12

- 科名● バラ
- 和名● ナナカマド（七竈）
- 生態● 小高木（落葉）
- 原産● 在来
- 分布● 北・本・四・九

冬芽は赤紫色の芽鱗に包まれ、先がとがる

ナナカマド

 Sorbus commixta

■花期:5〜7月　■果実期:9〜11月　■紅葉:10〜12月

紅葉や赤い実で秋の山を美しく彩る

寒冷地や標高の高い場所に多く、秋に熟す赤い実や紅葉が美しい。名前の由来は、かまどに7回入れても焼け残るほど燃えにくいことにちなむ。庭や公園などに植えられることもあるが、涼しい気候を好むため暖地には不向き。

樹皮は灰色で模様がある

果実は直径5〜6mmほどで秋に赤く熟す

庭や公園に植えられ、目にする機会は多い

果実は5個ずつ集まってつく

科名●	バラ
和名●	シモツケ(下野)
生態●	低木(落葉)
原産●	在来
分布●	本・四・九

シモツケ

 Spiraea japonica

■花期:5〜8月 ■果実期:9〜10月 ■紅葉:11〜12月

花が枝先に集まって咲き まるでピンクの花笠のよう

日当たりのよい山地に自生し、公園などにも広く植栽される。花色はピンクだが、株によって色の濃淡がある。また白花品種（シロバナシモツケ）もある。名前は下野（栃木県）産のものが古くから栽培されることにちなむという。

【品種】

シロバナシモツケ
シモツケの白花品種

【園芸種】

オウゴンシモツケ
シモツケの園芸種で、葉が明るい黄緑色

白い花が手まり状に集まって咲く

- 科名● バラ
- 和名● コデマリ（小手鞠）
- 生態● 低木（落葉）
- 原産● 中国
- 分布● 植栽（公園など）

果実は5個ずつつく

花は直径1cmほど

コデマリ

Spiraea cantoniensis
■花期:4〜5月　■果実期:6〜8月

小さな白い花が
手まり状に集まって咲く

　古い時代に中国から渡来し、花木として公園や庭に栽培される。白い小さな花の集まりが枝にいくつも連なる。名前は花の集まりが小さな手まりを連想させることから。また、球形の花序を鈴に見立てた「スズカケ」の別名もある。

葉のつき方は互生（P.10）

葉は細長いひし形で、上半分にのみ鋸歯（P.11）がある

見頃: 1 2 3 **4 5** 6 7 8 9 10 11 12

株立ちとなり、枝はしなだれる

花の直径は約8mm、花びらは5枚

果実は5個の袋果が集まってつく

科名●	バラ
和名●	ユキヤナギ(雪柳)
生態●	低木(落葉)
原産●	在来
分布●	本(太平洋側)・四・九

ユキヤナギ

Spiraea thunbergii
■花期:3〜4月 ■果実期:5〜6月

枝いっぱいに咲く白い花が降り積もった雪を連想させる

庭や公園などに広く栽培され、春に小さな白い花を枝いっぱいに咲かせる。ただ、それ以外の季節にも、ちらほらと花をつけている姿を見かけることがある。分布は限られるが、国内でも渓流の岩壁などに自生が見られる。

葉は柳の葉のように細長く、長さ2〜5cm程度

近縁種

シジミバナ
中国原産で花は八重咲き

日本海側より、太平洋側に多い傾向がある

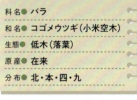

科名	バラ
和名	コゴメウツギ（小米空木）
生態	低木（落葉）
原産	在来
分布	北・本・四・九

がくも花びらと同じ白色で、花びらが10枚あるように見える

コゴメウツギ

Neillia incisa
■花期:5〜6月　■果実期:10〜11月

太平洋側の山地に多く小さな白い花を咲かせる

　山地に自生する落葉低木で、枝は細くてさかんに分岐する。初夏に小さな白い花がかたまってつくが、これを小さな米に見立てて小米空木（こごめうつぎ）の名前がつけられた。葉の形は変化が大きいが、縁は重鋸歯（じゅうきょし）(P.11)がありギザギザして見える。

葉は重鋸歯があり、ギザギザしている

果実もできるが目立ちにくい

ご存じですか？ 都道府県の木

日本の47都道府県には「県木」と呼ばれる木があります。
ここではどんな木が県木になっているか、見ていきましょう。

エゾマツ

マツ科の針葉樹で北海道では全域に自生している。高く伸びる樹形には躍動する北海道のイメージも盛り込まれている。

北海道

イチョウ

秋に葉が黄色く色づく木としてあまりにも有名。東京など3つの都府県のシンボルに制定されている。

東京都、神奈川県、大阪府

宮城県、福島県、埼玉県

ケヤキ

ニレ科の落葉高木で、街路樹や公園樹として広く植栽されている。知名度も高く、3つの県がシンボルとして採用している。

兵庫県、佐賀県、熊本県、鹿児島県

クスノキ

古くから親しまれてきたクスノキ科の樹種で、有名な巨木も多く存在する。西日本4県でシンボルとして採用されている。

スギ

スギは花粉のイメージが強いが、一方で優良な材木として欠かせない。秋田杉などブランド化されたものも多い。

秋田県、富山県、三重県、京都府、奈良県、高知県、宮崎県

カエデ(モミジ)

カエデはムクロジ科カエデ属の総称で、俗にモミジとも呼ばれる。

ウバメガシ

ブナ科の常緑樹で和歌山県の木に指定されている。ちなみに、和歌山県の県花はウメ。

和歌山県

山梨県、滋賀県、広島県

オリーブ

香川県の木に指定されている。香川県では、小豆島で栽培されるオリーブが有名。

香川県

モクセイ

静岡県の木。キンモクセイやギンモクセイなど、近縁の仲間を総称している。

静岡県

フェニックス

和名はカナリーヤシ。カナリー諸島原産のヤシ科の樹木。

宮崎県

47都道府県の木一覧

都道府県	木	都道府県	木	都道府県	木
北海道	エゾマツ	新 潟	ユキツバキ	鳥 取	ダイセンキャラボク
青 森	ヒバ(ヒノキアスナロ)	富 山	タテヤマスギ	島 根	クロマツ
岩 手	ナンブアカマツ	石 川	アテ(ヒノキアスナロ)	山 口	アカマツ
宮 城	ケヤキ	福 井	マツ	香 川	オリーブ
秋 田	アキタスギ	静 岡	モクセイ	愛 媛	マツ
山 形	さくらんぼ	愛 知	ハナノキ	徳 島	ヤマモモ
福 島	ケヤキ	岐 阜	イチイ	高 知	ヤナセスギ
群 馬	クロマツ	三 重	神宮スギ	福 岡	ツツジ
栃 木	トチノキ	滋 賀	モミジ	大 分	ブンゴウメ
茨 城	ウメ	奈 良	スギ	佐 賀	クスノキ
埼 玉	ケヤキ	和歌山	ウバメガシ	長 崎	ツバキ・ヒノキ
東 京	イチョウ	京 都	北山杉	熊 本	クスノキ
千 葉	マキ	大 阪	イチョウ	宮 崎	フェニックス・ヤマザクラ・オビスギ
神奈川	イチョウ	兵 庫	クスノキ	鹿児島	カイコウズ・クスノキ
山 梨	カエデ	岡 山	アカマツ	沖 縄	リュウキュウマツ
長 野	シラカバ	広 島	モミジ		

見頃: 11, 12

葉は光沢があり、3本の葉脈が目立つ

大きな花びら状のものはがく。花びらは小さく、雄しべの下に隠れるようにつく

科 名	クロウメモドキ
和 名	ナツメ（棗）
生 態	小高木（落葉）
原 産	ヨーロッパ
分 布	植栽（果樹）

ナツメ

Ziziphus jujuba var. *inermis*

■花期：6～7月　■果実期：11～12月

熟した果実は甘く
ドライフルーツなどで人気

樹皮は縦に浅く裂ける

熟した果実は生食できる

　ヨーロッパ～アジア西南部に自生し、日本にはかなり古い時代に中国経由で渡来した。果実は赤茶色に熟し、生食のほかドライフルーツや砂糖漬けなどに加工される。また果実は「大棗（たいそう）」という生薬名で、漢方薬にも多用されている。

雄花。新しい枝の根元のほうにつく

雌花は枝先の葉わきに1個ずつつく

科名●	ニレ
和名●	ケヤキ(欅)
生態●	高木(落葉)
原産●	在来
分布●	本・四・九

特徴的な樹形なので、遠目からでもよくわかる

ケヤキ

Zelkova serrata
■花期:4〜5月　■果実期:10〜11月　■紅葉:10〜11月

よく知られた身近な樹種だが北海道や沖縄には自生しない

　公園樹や街路樹として広く植栽され、なじみ深い樹種のひとつ。野生のものは山地に多い。扇のように広がる樹形が特徴的だが、枝が広がらない街路樹用の品種もよく植えられる。材木の品質がよく、家具や楽器などに利用される。

果実は熟すと小枝ごと落下する

ムサシノケヤキ　枝が横に広がらず街路樹に使われる（園芸種）

141

見頃

| 1 |
| 2 |
| 3 |
| 4 |
| 5 |
| 6 |
| 7 |
| 8 |
| 9 |
| 10 |
| 11 |
| 12 |

9月頃、葉わきに小さな花をつける

花被片(P.14)はあるが小さくて目立たない。雄しべ4本、雌しべ1本

果実に幅広の翼があり、風によって遠くまで運ばれていく

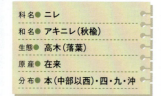

科名	● ニレ
和名	● アキニレ(秋楡)
生態	● 高木(落葉)
原産	● 在来
分布	● 本(中部以西)・四・九・沖

樹皮は不規則にはがれ、まだら模様になる

アキニレ

Ulmus parvifolia

■花期:9月 ■果実期:10～11月 ■紅葉:11～12月

開花から結実までが早く花を見逃しやすい

　暖地の河原などに自生し、公園樹や街路樹としても広く植栽される。花は秋咲きで、開花から1カ月程度で果実が熟す。果実には翼があり、風で遠くに運ばれる。北日本などに多い近縁種のハルニレは春～初夏に開花・結実する。

晩秋に紅葉する

葉の展開と同時に枝いっぱいに雄花をつける

見頃
1
2
3
4
5
6
7
8
9
10
11
12

- 科名● アサ
- 和名● ムクノキ(椋の木)
- 生態● 高木(落葉)
- 原産● 在来
- 分布● 本(関東以西)・四・九・沖

果実は熟すと青黒くなる

雌花は枝先の葉わきに1～2個ずつつく

ムクノキ

Aphananthe aspera
■花期:4～5月　■果実期:10～11月

葉がザラザラしているため紙ヤスリの代用としても

　暖地の山野に自生し、野鳥がタネを運ぶので、道端でも実生(みしょう)の苗木をよく見かける。秋にできる果実は生食でき、干し柿を濃縮したような味でおいしい。昔はざらつく葉を紙やすり代わりに、材木を天秤棒(てんびんぼう)やバットなどに使った。

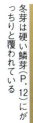
冬芽は硬い鱗芽(P.12)にがっちりと覆われている

葉には鋸歯(P.11)があり、先はゆるやかに細くなる

143

果実は球形で橙色に熟す

雄花。花被片（P.14）、雄しべとも4つ

枝先の葉わきには両性花がつく

科名	● アサ
和名	● エノキ（榎）
生態	● 高木（落葉）
原産	● 在来
分布	● 本・四・九・沖

葉は光沢のある広楕円形で、左右非対称

エノキ

Celtis sinensis
■花期：4〜5月　■果実期：9〜11月

日本の国蝶オオムラサキの食樹としても知られる

身近な場所に自生し、かつては一里塚や村の境界木としても植栽された。年数を経て天然記念物クラスの巨木になっているものも多い。多くの生きものを育む樹種のひとつで、国蝶オオムラサキの幼虫もエノキの葉を食べる。

シダレエノキ　エノキの品種で枝がしなだれる

ヤマグワは雌しべの花柱が長い

科名	クワ
和名	ヤマグワ(山桑)
生態	小高木(落葉)
原産	在来
分布	北・本・四・九

代表種：ヤマグワ

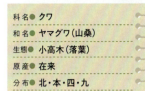
マグワは雌しべの花柱が短い

ヤマグワ 山地に自生する

マグワ 栽培されるが野生化したものも多い

クワの仲間

Morus spp.
■花期:4〜5月　果実期:6〜7月

熟した実は甘くておいしいが口の中が「どどめ色」になる

山野に自生するヤマグワと、中国原産で養蚕用に栽培されたマグワの2種が代表的。両者は花柱の長さなどが異なる。近年はマルベリーと呼ばれる園芸種が家庭用果樹として栽培される。いずれも黒く熟した実は甘くておいしい。

マグワの雄花の穂。クワの仲間は雄花と雌花がある

マルベリー 熟した果実を食用にするために栽培される

見頃: 4・5・6・7

果実は直径1〜1.5cmほど。甘みがあり食べられるが食感は悪い

枝の先端に雌花が、つけ根に雄花が、それぞれ丸く集まって咲く

科名	クワ
和名	ヒメコウゾ（姫楮）
生態	低木（落葉）
原産	在来
分布	本・四・九

葉の切れ込み具合が変化に富む

近縁種

カジノキ 和紙の原料にするため古くから栽培され、各地で野生化している

ヒメコウゾ

 Broussonetia monoica
花期:4〜5月　果実期:6〜7月

橙色の果実は生食可能
甘みがあるが、クセもある

　雑木林周辺でごく普通に見られ、葉の形は変化が多い。雌雄同株だが、雄花の穂と雌花の穂が別々に出て、初夏に橙色の果実ができる。和紙の原料として栽培されるコウゾは、ヒメコウゾとカジノキの雑種で、ときに野生化している。

葉は掌状に深く切れ込む

見頃
1 / 2 / 3 / 4 / 5 / 6 / 7 / 8 / 9 / 10 / 11 / 12

科名	**クワ**
和名	**イチジク(無花果)**
生態	**小高木(落葉)**
原産	**西アジア**
分布	**植栽(果樹)**

果嚢（P.14）は倒卵形（P.13）で、熟すと茶色っぽくなり甘い香りを放つ

イチジク

Ficus carica

■花期:5～8月　■果実期:8～10月

日本で栽培されるイチジクは雌株のみで受粉せずに結実する

冬芽（P.12）。先端のとがった部分が伸びて葉になる

　古くから果樹として栽培される。隠頭花序（P.9参照）という特殊なつくりの花で、分解しないと花は見えない。雌雄別株（P.14）で、受粉はイチジクコバチ科の昆虫に頼っている。日本では受粉せずに結実できる雌株が主に栽培される。

近縁種

イヌビワ 暖地の山林内に自生。雌雄別株で、いずれも果嚢は熟すと黒くなる

自生は限られるが、公園や街路によく植栽される

雄花。雄しべは12本ある

雌花。雌しべの花柱は3本

科名	ブナ
和名	マテバシイ（馬刀葉椎）
生態	高木（常緑）
原産	在来
分布	九(南部)・沖

1本の木に雄花の穂と雌花の穂が混ざってつく

マテバシイ

Lithocarpus edulis
■花期：6月 ■果実期：9〜11月

公園樹や街路樹として都市部を中心に植えられる

　九州南部や沖縄の海沿いに自生するどんぐりで、都市環境に強いため、公園などに広く植えられる。どんぐりは2年型で、翌年の秋に熟す。どんぐりは形がよいため工作に最適で、アクが少なく食用にもなる。別名「サツマジイ」。

どんぐりは、花後1年かけて生長し、翌年秋に熟す

初夏に淡黄色の花穂を樹冠いっぱいにつける

科 名	● ブナ
和 名	● スダジイ(すだ椎)
生 態	● 高木（常緑）
原 産	● 在来
分 布	● 本(福島・新潟県以南)・四・九・沖

葉は広楕円形で先がとがる。葉裏は細かい毛が密生し茶色っぽい

スダジイ

Castanopsis sieboldii
■花期:5〜6月　■果実期:10〜12月

いわゆる椎の木で
どんぐりは頭の先がとがる

　暖地に多い常緑樹で、神社などによく植えられ、しばしば天然記念物クラスの巨木となる。どんぐりは開花の翌年の秋に熟し、やわらかい殻斗（P.13）にすっぽり包まれるが、殻斗はやがて3つに裂ける。アクが少なく生食も可能。

若い果実は、殻斗に完全に覆われている

ドングリは濃茶色で先がとがる

どんぐりは翌年の秋に熟す。殻斗（P.13）はもじゃもじゃ

葉は長楕円状披針形（P.10）で、クリの葉に似る

雄花の穂。葉の展開と同時に多数ぶら下がる

雌花は新枝の葉わきにつく

科名●	ブナ
和名●	クヌギ（櫟、橡）
生態●	高木（落葉）
原産●	在来
分布●	本・四・九・沖

クヌギ

Quercus acutissima
🟩花期:4〜5月　🟧果実期:10〜12月

薪や堆肥を取るための生活必需品的存在だった

　雑木林を代表するどんぐりのひとつ。木材は薪に、落ち葉は堆肥にと、人々の生活に欠かせない存在だった。また幹から出る樹液は、カブトムシなど多くの昆虫の命を支えている。西日本にはよく似た近縁種のアベマキが多い。

アベマキ 西日本に多い。クヌギにそっくりで葉裏は白い（クヌギは葉裏も緑色）

雑木林でもっともよく見かける樹種のひとつ

見頃
1
2
3
4
5
6
7
8
9
10
11
12

- 科名● ブナ
- 和名● コナラ(小楢)
- 生態● 高木(落葉)
- 原産● 在来
- 分布● 北・本・四・九

雄花。ひとつの花に雄しべは4〜6本

雌花。雌しべの花柱は3本で赤みがかる

コナラ

 Quercus serrata
■花期:4〜5月 ■果実期:10〜12月 ■紅葉:11〜12月

クヌギとコナラは雑木林の代表的な構成樹種

　かつてはクヌギと同様に利用された。雑木林の環境は、薪利用のための伐採と、その後の萌芽（芽生え）を繰り返すことで維持されてきたが、生活様式の変化とともに放置され荒廃した。秋にうろこ模様の殻斗をもったどんぐりができる。

樹皮は縦に不規則に裂ける

晩秋、条件がよいと赤く色づく

どんぐりはその年の秋に熟す

見頃
1
2
3
4
5
6
7
8
9
10
11
12

初夏に多数の雄花の穂がぶら下がる

どんぐりはその年の秋に熟し、殻斗（P.13）は横から見ると縞模様

科名	● ブナ
和名	● シラカシ（白樫）
生態	● 高木（常緑）
原産	● 在来
分布	● 本（福島・新潟県以南）・四・九

雌花の穂は、枝先の葉わきにつく

近縁種

アラカシ シラカシに似るが葉の幅は広く、上半分に鋸歯（P.11）がある

シラカシ

Quercus myrsinifolia
■花期:5月 ■果実期:10～11月

アラカシとともに
カシの仲間の代表的存在

　山野でよく見られ、生垣などにも使われる。常緑で樹高20m近くの大木になることも多い。古木になると樹液を出し、カブトムシなどが来る。同じ仲間のアラカシは暖かい地域に多く、シラカシによく似ているが葉の幅が広い。

見頃
1
2
3
4
5
6
7
8
9
10
11
12

雄花。花びらはない。花粉を風に運んでもらう風媒花

雌花。雌しべは1本。花柱は赤く2つに分かれる

科名	ヤマモモ
和名	ヤマモモ（山桃）
生態	高木（常緑）
原産	在来
分布	本（関東以西）・四・九・沖

公園樹や街路樹として広く植栽される

ヤマモモ

Morella rubra
■花期:3～4月　■果実期:6～7月

初夏に丸い果実が熟し 甘酸っぱくておいしい

　関東以西の暖地に生え、公園などにも植栽される。雌雄別株で、雌株は初夏に黒紅色の丸い果実ができ、生で食べられる。徳島県の木に指定されており、徳島藩時代から御禁木（ごきんぼく）として大切にされ、今も主産地となっている。

果実は熟すと暗紅色になる

樹皮は灰白色～褐色で、年数を重ねると縦に裂ける

河原を歩くとよく見かける

雄花の穂。緑色で多数垂れ下がる

雌花。赤いモールのような花柱が美しい

科名	クルミ
和名	オニグルミ（鬼胡桃）
生態	高木（落葉）
原産	在来
分布	北・本・四・九

果実は果肉状の果床（花床が膨らんでできたもの）の中にある

葉痕（葉が落ちた痕）はかわいらしい顔のように見える

オニグルミ

Juglans mandshurica var. *sachalinensis*

■花期:4〜5月　■果実期:9〜10月

ヤナギやハンノキとともに河原を代表する樹種のひとつ

　いわゆる野生のクルミで、果実（堅果）の硬い殻の中身（種子）が食べられる。果実の外側を包む丸くてやわらかい果実のような部分は、雌花の花床（P.14）が膨らんだもの。同じ仲間のヒメグルミやカシグルミなどが果樹として栽培される。

平地の水辺に多く生えている

見頃
1 / 2 / 3 / 4 / 5 / 6 / 7 / 8 / 9 / 10 / 11 / 12

科名	カバノキ
和名	ハンノキ（榛の木）
生態	高木（落葉）
原産	在来
分布	ほぼ全国

雌花。雄花の穂よりも下の方に数個つく

雄花。早春に開花し、花粉を大量に飛ばす

ハンノキ

Alnus japonica

■花期:11～翌4月　■果実期:10～11月

湿地に生える地味な木だが ミドリシジミの食樹で有名

平地の湿地林を代表する木のひとつ。暖地では冬のうちに開花することも多い。雌雄同株（P.14）だが雄花と雌花があり、雄花は空気中に花粉を大量に飛ばすため、花粉症の原因になる。ミドリシジミの幼虫はハンノキの葉を食べて育つ。

冬場、枝にぎっしりとついた開花待ちの穂が目立つ

葉は長楕円形で先がとがる

見頃
1
2
3
4
5
6
7
8
9
10
11
12

果穂は苞が目立ち、紙垂（四手）のよう

葉の展開と同時に開花。雌雄同株（P.14）だが、雄花と雌花は別々の穂につく

科名	カバノキ
和名	イヌシデ（犬四手）
生態	高木（落葉）
原産	在来
分布	本（岩手・新潟県以南）・四・九

イヌシデ

Carpinus tschonoskii

■花期:3〜5月 ■果実期:10〜12月 ■黄葉:10〜12月

平地の雑木林に多く春の黄色い花穂がよく目立つ

平地の雑木林を代表する身近な樹種。春、葉の展開と同時に開花し、最盛期には黄色い雄花の穂がよく目立つ。果実は小さいが大きな苞(ほう)（P.8）に包まれ、それが穂になって垂れる様子は神前に捧げる紙垂(しで)（四手）を連想させる。別名ソロ。

近縁種 **アカシデ** 雄花の穂は赤みがかり、秋の紅葉も美しい

近縁種 **クマシデ** 山地に自生し、果実の穂はホップのような姿

枝に薄い板のような翼（青枠）がある

見頃: 1 2 3 4 5 6 7 8 9 10 11 12

科名	● ニシキギ
和名	● ニシキギ（錦木）
生態	● 低木（落葉）
原産	● 在来
分布	● 北・本・四・九

花は直径約7mm

ニシキギ

Euonymus alatus
■花期:5〜6月 ■果実期:10〜11月 ■紅葉:10〜12月

秋の紅葉はとてもまばゆく 枝の翼もよく目立つ

秋の紅葉は目がチカチカするほど鮮烈で、まるで錦のように美しいことから錦木という名がついた。枝には薄い板のような翼がつき、葉の落ちる冬場はかなりよく目立つ。枝に翼がない品種もあり、それをコマユミと呼ぶ。

果実が熟すと割れ、中から赤い種子が顔を出す

冬芽は6〜10個の芽鱗（P.12）に覆われる

見頃: 5, 6

初夏に多数の花を咲かせる

花は直径約1cmで花びらは4枚

科名	ニシキギ
和名	マユミ(真弓)
生態	小高木(落葉)
原産	在来
分布	北・本・四・九

早春、新芽が開く様子

マユミ

Euonymus sieboldianus

花期:5〜6月　果実期:10〜11月　紅葉:10〜12月

果実は熟すと4つに裂け
赤い種子が顔を出す

　山野に自生し、若葉は山菜として利用できるというが、果実は有毒。名前の由来は枝のしなりがよく、弓をつくったことから。果実は熟すと桃色になり、4つに裂けて中から赤い種子が顔を出す。種子は鳥によって遠くに運ばれる。

果皮は4つに裂ける

花は枝からぶら下がるようにつく

見頃
1 / 2 / 3 / 4 / 5 / 6 / 7 / 8 / 9 / 10 / 11 / 12

山地に生え、秋は果実と紅葉が楽しめる

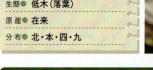

科名●	ニシキギ
和名●	ツリバナ（吊花）
生態●	低木（落葉）
原産●	在来
分布●	北・本・四・九

ツリバナ

 Euonymus oxyphyllus

■花期:5〜6月　■果実期:9〜10月　■紅葉:10〜11月

マユミは4弁花で果実4裂
ツリバナは5弁花で果実5裂

　山地の林内でよく見られる落葉低木。花や果実を吊り下げたような姿から吊花の名前がつけられた。花びらは5枚で、熟した果実も5裂する。同じ仲間にオオツリバナ、ヒロハツリバナなどがあり、いずれもよく似ていてる。

葉は長楕円形で対生する

果実は熟すと5つに裂け、種子は落ちずに果皮の先に残る

見頃: 1 2 3 4 5 **6** **7** 8 9 10 11 12

果実は熟すと果皮が4つに裂ける

初夏に咲く花は淡緑色で、花びらは4枚

科名	ニシキギ
和名	マサキ(柾・正木)
生態	小高木(常緑)
原産	在来
分布	北(南部)・本・四・九・沖

マサキ

Euonymus japonicus

■花期:6〜7月　■果実期:11〜翌1月

生垣用として広く利用され
斑(模様)入りなど園芸種も多い

　海沿いの山林に生え、葉は分厚く強い光沢がある。丈夫で刈り込みに強いことから生垣に利用される。フイリマサキやオウゴンマサキなど園芸種も多い。果実は熟すと橙色になって4つに裂け、中から朱色の種子が顔を出す。

【品種】

フイリマサキ 斑入りの葉をつける品種

【園芸種】

オウゴンマサキ 鮮やかな黄色い葉をつける園芸種

山野の林縁でつるを絡ませながら伸びていく

見頃: 10

科名	ニシキギ
和名	ツルウメモドキ（蔓梅擬）
生態	つる性（落葉）
原産	在来
分布	ほぼ全国

花は緑色で直径約7mm

ツルウメモドキ

Celastrus orbiculatus

花期：5〜6月　果実期：10〜12月　紅葉：10〜12月

熟した果実は美しく リースや生け花の素材にも

　林縁などに多いつる植物。雌雄別株（P.14）で、雌株は秋に果実が黄色く熟し、3つに割れて中から赤い種子が顔を出す。葉がひとまわり大きく、裏面の葉脈がうねうねと盛り上がるオニツルウメモドキなど、いくつかの変種や品種がある。

果実は直径約7mmの球形で、熟すと黄色くなる

完熟すると果皮が3つに割れ、赤い種子がひとつ顔を出す

樹木なるほどコラム❹

果物が実る樹木

樹木の中には果樹として栽培されているものもあります。
ここではおなじみの果樹を集めてみました。

カキ

■花期:5~6月　■果実期:10~11月

秋に橙色の果実をつける

中国から渡来したと考えられる落葉高木。果実は食用となるが、甘柿と渋柿がある。

- 科名／カキノキ
- 和名／カキノキ
- 生態／高木（落葉）
- 原産／中国
- 分布／植栽（果樹）

晩秋、枝に実った果実がよく目立つ

花には雌花（左）と雄花（右）がある

果樹のモモの花は通常ピンクの一重咲き

モモ

■花期:4月　■果実期:7~8月

夏に甘い果実ができる

中国原産の果樹で、白桃、ネクタリン、天津水蜜（てんしんすいみつ）などさまざまな園芸種がある。

- 科名／バラ
- 和名／モモ
- 生態／小高木（落葉）
- 原産／中国
- 分布／植栽（果樹）

リンゴ

■花期:4~5月　■果実期:10~11月

長野と青森が主要な産地

ヨーロッパ原産の果樹。主な品種はつがるやふじなど。冷涼な気候を好む。

春にピンクがかったかわいらしい花（写真左）を多数つける

- 科名／バラ
- 和名／セイヨウリンゴ
- 生態／高木（落葉）
- 原産／ヨーロッパ
- 分布／植栽（果樹）

春に枝いっぱいに白い花を咲かせる

- 科名／バラ ●和名／スモモ
- 生態／小高木(落葉) ●原産／中国
- 分布／植栽(果樹)

スモモ

■花期:4～5月　■果実期:6～7月

ジャムやゼリーに利用される

アメリカスモモとの交雑で多彩な品種が作られた。主な品種はサンタローザなど。

クリ

■花期:6月　■果実期:10～11月

果実はイガに覆われている

山野に自生するほか、食用に栽培される。イガのない改良品種もある。

6月に独特の匂いを放つ白い花(写真右)を咲かせ、多くの昆虫が集まってくる

- 科名／ブナ ●和名／クリ
- 生態／高木(落葉) ●原産／在来
- 分布／北・本・四・九

春に白い花を咲かせる

- 科名／バラ ●和名／ナシ
- 生態／小高木(落葉) ●原産／園芸種
- 分布／植栽(果樹)

ナシ

■花期:4～5月　■果実期:9～10月

二十世紀などの品種が有名

日本の山野に自生するヤマナシを品種改良したものといわれている。

ブルーベリー

■花期:4～6月　■果実期:7～8月

青黒く丸い果実ができる

北アメリカに自生するヌマスノキを中心に品種改良がなされ、果樹として栽培される。

春に咲く白い釣鐘のような形の花(写真右)はとてもかわいらしい

- 科名／ツツジ ●和名／ヌマスノキ
- 生態／低木(落葉) ●原産／北アメリカ
- 分布／植栽(果樹)

ヒペリカムの仲間

Hypericum spp.
■花期:5〜7月 ■果実期:6〜8月 ■紅葉:10〜12月

科名●	オトギリソウ
和名●	キンシバイ（金糸梅）
生態●	低木（半常緑）
原産●	中国
分布●	植栽（庭など）

代表種：キンシバイ

キンシバイやビヨウヤナギが古くから栽培される

　ヒペリカムはオトギリソウ科オトギリソウ属の樹木の総称。キンシバイとビヨウヤナギ（いずれも中国原産）は古くから栽培され、初夏の庭園に黄色い花の彩りを添える。近年は栽培される種類が増え、公園などには園芸交雑種のタイリンキンシバイ（ヒドコート）が特によく使われる。また、花後にかわいらしい赤い実をつけるコボウズオトギリが庭木や花材として人気がある。

キンシバイ
枝の先に直径3〜4cmほどの花を咲かせる。雄しべは花びらよりも短い

タイリンキンシバイ
「ヒペリカム・ヒドコート」の名前でも知られ、公園などによく植えられる。キンシバイに似るが、花が大きい

ビヨウヤナギ
雄しべが花びらより長く目立つ。葉はヤナギの葉のように細長い

ビヨウヤナギは寒さに当たると紅葉する

セイヨウキンシバイ 花はタイリンキンシバイに似るが、雄しべが長く突き出る

コボウズオトギリ
花は小さいが、そのあとできる果実が赤く美しいため観賞用に栽培される

葉は長楕円形で長さ約10cm

穂の長さは3～5cm。雄花の穂と雌花の穂がある

科名	● ヤナギ
和名	● ネコヤナギ(猫柳)
生態	● 低木(落葉)
原産	● 在来
分布	● 北・本・四・九

近縁種

マルバヤナギ
平地の川沿いに生えていて、枝先の若葉は赤みがかる

ネコヤナギ

Salix gracilistyla

■花期:3～4月　■果実期:5～6月

春の花穂は、ふわふわの猫のしっぽを連想させる

　山地の渓流沿いに自生するほか、庭園にも植栽される。早春、葉が出る前に、白くふわふわとした花穂を多数つける。これを猫の尾に見立てたことが名前の由来。花穂が黒いクロヤナギという品種があり、花材として栽培される。

雄花の穂。葉の展開と同時に花の穂を出す

種子は白い綿毛に包まれ、風とともに舞う

科名	● ヤナギ
和名	● シダレヤナギ(枝垂柳)
生態	● 高木(落葉)
原産	● 中国
分布	● 植栽(街路など)

枝がしだれ、特徴的な樹形になる

シダレヤナギ

Salix babylonica
■花期:3〜4月　■果実期:5月

長くしだれる枝の雰囲気から怪談にもよく登場する

　古い時代に中国から渡来し、池のほとりや水路沿いによく植えられている。枝が長くしだれて特徴的な樹形になるため、遠目からでもすぐわかる。ヤナギの仲間で年数を重ねたものは樹液を出し、カブトムシなどがよく集まる。

樹皮は縦に裂け、樹齢を重ねると樹液を出す

マガタマヤナギ シダレヤナギの園芸種で、葉がくるんと巻く。別名メガネヤナギ

見頃: 1 2 3 4 5 6 7 8 9 10 11 12

花は春に咲くが、黄緑色であまり目立たない

雌花。花の中心に丸い子房（P.8）がある

科名	● ヤナギ
和名	● イイギリ（飯桐）
生態	● 高木（落葉）
原産	● 在来
分布	● 本・四・九

冬芽（P.12）はべたべたした樹脂に包まれている

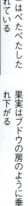

果実はブドウの房のように垂れ下がる

イイギリ

Idesia polycarpa

■花期:4〜5月　■果実期:10〜翌1月

果実がナンテンに似るため別名「ナンテンギリ」

　山地に自生し、公園にも植栽される。雌雄別株（P.14）で、雌株は多数の赤い果実がぶら下がる。果実が白いシロミノイイギリも。昔、葉でご飯を包んだことから漢字では飯桐と書く。新しい分類でイイギリ科からヤナギ科になった。

花の集まり。唇形の蜜腺（蜜を出す部分）が目立つ

ときに結実することがある

科名	●	トウダイグサ
和名	●	ショウジョウボク（猩々木）
生態	●	低木（常緑）
原産	●	メキシコ
分布	●	植栽（鉢植えなど）

花のまわりの苞葉（花芽を保護するための葉）は真っ赤で目立つ

ポインセチア

Euphorbia pulcherrima
■花期:12〜翌2月

真っ赤な苞葉がよく目立ち
クリスマスの寄せ植えに人気

　花そのものは地味だが、周囲の苞葉が真っ赤に色づく。かつてメキシコの宣教師がこの赤から「キリストの血」を思い、それでクリスマス飾りに使われるようになったという。近年は品種改良によって苞葉の色も豊富になった。

苞葉がクリーム色の園芸種

苞葉がチェリーピンクの園芸種

街路樹などに利用されるが、しばしば野生化している

雄花の穂の下に短い雌花の穂が数本つく

科名	● トウダイグサ
和名	● ナンキンハゼ(南京櫨)
生態	● 高木(落葉)
原産	● 中国
分布	● 植栽(街路など)

ナンキンハゼ

 Triadica sebifera

花期:7月　果実期:10〜11月　紅葉:10〜11月

古くはロウを採るために 今は街路樹として利用される

果実は直径約1.5cm。熟すと果皮は3つに割れる

　種子は白いロウ物質でできた仮種皮(P.14)に覆われ、江戸時代には、これからロウを採るために栽培された。今は公園樹や街路樹として各地に植栽されている。秋は色鮮やかに紅葉し、白い種子とのコントラストがとても美しい。

果皮が落ちると、白いロウに包まれた種子が顔を出す

見頃：6,7,8,9,10,11

枝先の若葉は赤っぽい色をしている

科名	トウダイグサ
和名	アカメガシワ（赤芽柏）
生態	高木（落葉）
原産	在来
分布	本・四・九・沖

雄花の穂。雄しべがポンポンのように見える

雌花は3本の太い雌しべが目立つ

アカメガシワ

Mallotus japonicus
■花期:6〜7月 ■果実期:9〜11月

どこにでも生える身近な木で枝先の新葉は赤みを帯びる

林縁や伐採跡地などの明るい場所にあり、鳥がタネを運ぶため、街中の道端でもよく見かける。枝や葉は星状毛（せいじょうもう）という放射状に生える毛に覆われる。葉を皿の代わりに使ったのでゴサイバ（五菜葉）とも呼ばれる。雌雄別株（P.14）。

葉の基部に蜜腺（蜜を出す部分）があり、しばしばアリが来ている

果実はトゲトゲして見えるが、触っても痛くはない

熟すと裂けて3〜4個の黒い種子が顔を出す

葉は円心形で大きく、直径10〜25cmくらいになる

見頃
1 / 2 / 3 / 4 / 5 / 6 / 7 / 8 / 9 / 10 / 11 / 12

雄花の集まり。ひとつの花の雄しべは8本

雌花。鮮やかな赤い雌しべが3本ある

科名	トウダイグサ
和名	オオバベニガシワ(大葉紅柏)
生態	低木(落葉)
原産	中国
分布	植栽(庭木など)

若葉は美しい紅色で春の芽吹き時は目立つ

花は葉の展開とともに咲くが地味で目立たない

オオバベニガシワ

Alchornea davidii

■花期:4〜5月 ■果実期:6〜7月

春の芽吹きとともに出る
紅色の若葉が美しい

　中国原産の落葉低木で、春の若葉が紅色で美しいため、庭木として栽培される。ただし葉が紅色なのは若葉の時期のみで、やがて緑色になる。若葉の展開と同時に花を咲かせるが、花は地味で目立ちにくい。花には雄花と雌花がある。

暖かい地域では街路樹として植えられている

見頃
1
2
3
4
5
6
7
8
9
10
11
12

- 科 名 ● ホルトノキ
- 和 名 ● ホルトノキ（ホルトの木）
- 生 態 ● 高木（常緑）
- 原 産 ● 在来
- 分 布 ● 本（千葉県以西）・四・九・沖

夏に葉わきから花の穂を出す

ホルトノキ

Elaeocarpus zollingeri
■花期:7〜8月 ■果実期:11〜翌2月

聞き慣れない名前だが暖地では街路樹に使われる

暖地の海沿いに自生し、常緑樹だが1年中紅葉した葉がちらほらと混じる。ホルトノキはポルトガルノキで、もともとはオリーブを指していた。しかし平賀源内が本種をオリーブと勘違いした結果、そのまま今の名前になったという。

葉は倒披針形（とうひしんけい、P.10）で革のような質感がある

果実は冬に青黒く熟す

見頃: 5, 6, 10, 11, 12

果実の先にがくが残り、不思議な形になる

花は朱色で花びらは6枚

科名	ミソハギ
和名	ザクロ（石榴）
生態	小高木（落葉）
原産	西南アジア
分布	植栽（果樹）

種子は甘酸っぱい汁を含んだ皮に包まれる

ザクロ

 Punica granatum
■花期:5〜6月　■果実期:10〜12月

果実を食べる果樹用品種と花を楽しむ観賞用品種がある

　世界中で栽培される果樹。果実は種子がぎっしり詰まっており、熟すと割れて一部が顔を出す。種子は甘酸っぱい果汁を含む仮種皮（か しゅ ひ）（P.14）に覆われ、この部分を食用にする。観賞用品種の果実は小さくて食べられないが、花は美しい。

園芸種

ヒメザクロ
鉢植えサイズの観賞用品種。花の色や形に変化が多い

紅紫色の花が長く咲き続けるので、漢字で「百日紅」と書く

科名	ミソハギ
和名	サルスベリ(百日紅)
生態	小高木(落葉)
原産	中国
分布	植栽(公園など)

白い花を咲かせたもの

ピンクの花を咲かせたもの

サルスベリ

 Lagerstroemia indica
■花期:7~10月 ■果実期:10~12月 ■黄葉:11~12月

幹がつるつるになるため
猿も滑り落ちると考えられた

漢字で「百日紅」と書くとおり、紅紫色の花が次々と咲き続けるため、古くから観賞用に栽培されている。樹皮が薄くはがれやすく、幹がつるつるになる。近年は品種改良も進み、赤や紫、白、ピンクなど花色が豊富になった。

樹皮がはがれ、つるつるの幹になる

近縁種
シマサルスベリ 国内では沖縄に自生。花は白色で小ぶり

果実は香りがよく、追熟（収穫後15℃程度の場所に1週間程度置く）すれば生で食べられる

初夏にピンクの花を咲かせる

花が咲き終わったあとも、がくはそのまま残る

葉は楕円形で、裏側は白い綿毛が多い

科名	フトモモ
和名	フェイジョア
生態	低木（常緑）
原産	中南米
分布	植栽（果樹）

フェイジョア

Acca sellowiana
■花期:5～6月　■果実期:10～12月

熱帯果樹でありながら寒さに強くて育てやすい

　数十年前に新果樹として導入された。寒さに強く、花や葉も美しいので、花木としても栽培される。未熟な果実を追熟すれば、甘酸っぱくて美味。ただ1本では結実しない品種も多く、異なる品種を2本以上植える必要がある。

よく育ったものは樹高5m前後になる

見頃
1
2
3
4
5
6
7
8
9
10
11
12

- 科名● フトモモ
- 和名● ブラシノキ（ブラシの木）
- 生態● 小高木（常緑）
- 原産● オーストラリア
- 分布● 植栽（庭など）

代表種：ブラシノキ

雄しべの赤い花糸がよく目立つ

ブラシノキの仲間

Callistemon spp.
■花期:5〜6月

花の穂はまるで瓶洗い用のブラシにそっくり

　フトモモ科ブラシノキ（Callistemon）属の仲間はオーストラリアに約30種あり、そのうちブラシノキやハナマキなど数種が日本でも栽培されている。花びらは小さく目立たないが、長く突き出た雄しべがブラシのようによく目立つ。

果実は硬いまま何年も残り、火災をきっかけに種子を落とす

赤紫色の花を咲かせる園芸種

果実は熟すと赤くなって割れ、中から黒い種子が顔を出す

花びらとがくは各5枚。完全には開かない

科名	ミツバウツギ
和名	ゴンズイ(権萃)
生態	小高木(落葉)
原産	在来
分布	本(関東以西)・四・九

冬芽は枝先に2個ずつつくことが多い

樹皮は縦に白い模様が入る

晩秋に紅葉する

ゴンズイ

Staphylea japonica

■花期:5～6月　■果実期:9～11月　■紅葉:10～12月

赤い果皮と黒い種子が秋の野山でよく目立つ

　林縁の日当たりのよい場所に多い。魚のゴンズイと同名だが、幹の模様がそれに似るから、あるいは、材木がもろくて使えないので食用に不向きな魚であるゴンズイと同じ名を当てたなど、由来は諸説あってはっきりしない。

黄色い花穂が暖簾のようにぶら下がる

見頃
1 2 3 **4** 5 6 7 8 9 10 11 12

- 科名● キブシ
- 和名● キブシ(木五倍子)
- 生態● 低木(落葉)
- 原産● 在来
- 分布● 北(西南部)・本・四・九

葉は長楕円形〜卵形で縁に鋸歯(P.11)がある

キブシ

Stachyurus praecox
花期:3〜4月　果実期:7〜10月　黄葉・紅葉:10〜11月

春の山道で黄色い花穂が暖簾(のれん)のように垂れ下がる

　キブシのブシは五倍子(ごばいし)のことで、これはヌルデ(P.181)につく虫こぶの一種。これにはタンニンが含まれ、黒色の染料になる。キブシの果実にも同様にタンニンが含まれ、五倍子の代用としてお歯黒に利用されていた。

果実は直径10mm前後で硬い

変種
ハチジョウキブシ
八丈島で発見された変種で、花穂がとても長い

葉は奇数羽状複葉(P.12)。初夏に多数の黄緑色の花をつける

秋の紅葉は童謡『ちいさい秋みつけた』でうたわれるほど美しい

科名●	ウルシ
和名●	ハゼノキ(黄櫨)
生態●	高木(落葉)
原産●	在来
分布●	本(関東以西)・四・九・沖

ハゼノキ

Toxicodendron succedaneum
■花期:5〜6月 ■果実期:9〜10月 ■紅葉:10〜12月

晩秋の紅葉は色鮮やかで童謡にもうたわれる

ウルシの仲間で、山野に自生するほか、果実からロウを採るために古くから栽培されてきた。秋の紅葉は美しく、盆栽や庭木にも使われる。同じ仲間のヤマハゼは山林に自生し、葉に毛がある。ハゼノキは枝葉ともに無毛。

近縁種

ヤマハゼ
西日本に多く、葉に毛が生える(ハゼノキの葉は無毛)

果実は熟すと白い粉をかぶる。軸の部分についた小さな葉のようなものが翼(赤枠)

見頃
1 / 2 / 3 / 4 / 5 / 6 / 7 / 8 / 9 / 10 / 11 / 12

科名●	ウルシ
和名●	ヌルデ(白膠木)
生態●	小高木(落葉)
原産●	在来
分布●	ほぼ全国

枝先に多数の白い花を円錐状につける

ヌルデ

Rhus javanica var. *chinensis*
■花期:8〜9月 ■果実期:10〜11月 ■紅葉:10〜12月

身近な場所に生えていて葉軸に翼があるのが特徴

　ヌルデシロアブラムシが寄生し虫こぶができることから、別名フシノキ。また、秋に紅葉した姿は美しいため「ヌルデモミジ」とも呼ばれる。名の由来は、幹を傷つけると白い樹液が採れ、昔は木工品などによく塗られたから。

秋、色鮮やかに紅葉する

近縁種
ヤマウルシ 山野に自生する落葉低木。葉軸に翼はない。ウルシ同様に汁液でかぶれる

ふわふわとした煙のように見えるのは、羽毛状になった花や果実の柄

花の直径は約3mm。花びらは5枚で淡緑色

長い柄の先に小さな果実をつける

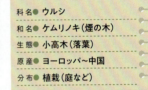

科名	● ウルシ
和名	● ケムリノキ（煙の木）
生態	● 小高木（落葉）
原産	● ヨーロッパ～中国
分布	● 植栽（庭など）

開花中の様子。咲き終わると柄が伸びて煙のようになる

赤紫色の葉をつける園芸種

スモークツリー

Cotinus coggygria

花期:5～7月　果実期:6～8月　紅葉:10～11月

ふわふわとした花柄（かへい）がまるで煙のように見える

花そのものは小さいが、ふわふわとした花柄（P.9）が多数枝分かれしながら長く伸びるため、遠目に見るとまるで煙のよう。花柄の色は白っぽいものから、ピンクや赤みがかったものまである。ハグマノキ（白熊の木）とも呼ばれる。

花の穂は上向きにつく

果実は直径3〜5cmほど

科名	● ムクロジ
和名	● トチノキ(栃の木、橡の木)
生態	● 高木(落葉)
原産	● 在来
分布	● 北・本・四・九

トチノキ

 Aesculus turbinata
■花期:5〜6月 ■果実期:9〜10月

種子はでんぷんが豊富で栃餅などに利用する

　日本固有種で沢沿いに自生するほか、公園などにも植えられる。栃木県の木に指定されている。初夏に咲く花は蜜源となり、秋の果実は中の種子が栃餅などの原料になる。冬芽はべたべたの樹脂に覆われ、これで寒風を防いでいる。

熟すと割れて中から栗のような形の種子が1〜2個出てくる

近縁種

ベニバナトチノキ アカバナトチノキとセイヨウトチノキの雑種で、街路樹に使われる

カエデの仲間①

Acer spp.
■花期:4~5月　■果実期:7~11月　■黄葉・紅葉:10~12月

科名●	ムクロジ
和名●	イロハモミジ(伊呂波紅葉)
生態●	高木(落葉)
原産●	在来
分布●	本(福島県以南)・四・九

代表種：イロハモミジ

カエデ属は種類が多いが代表選手はイロハモミジ

　カエデ(モミジ)はムクロジ科カエデ属の総称で、日本に28種が自生する。その中で最もポピュラーなのがイロハモミジで、太平洋側を中心に山地でよく見られ、公園などにもよく植えられる。日本海側には葉や果実がやや大きい変種のヤマモミジが多い。いずれも春の芽吹きとともに開花し、その後プロペラのような形の果実ができる。イロハモミジは一般的に紅葉するが、ときに黄葉することも。カエデの名は、葉形が「カエルの手」に似ていることにちなむ。

イロハモミジ
春、新芽の展開とともに花を咲かせる

イロハモミジの花。外側の紅色のがくの内側に小さな淡黄色の花びらがある

イロハモミジの葉は掌状に5~9つに切れ込み、縁に重鋸歯(P.11)がある

イロハモミジは晩秋に鮮やかな赤色に色づく

樹皮は淡い褐色でなめらか

冬芽。枝先に2個の赤い芽がつくことが多い

果実には翼があり、風に舞いながらくるくる回転する

中には葉が黄色く色づくものもある

ヤマモミジ 日本海側の山地に多く自生する

ヤマモミジの葉は、イロハモミジに比べると大きく幅も広い

紅垂れ ヤマモミジの園芸種で、葉が細かく切れ込む

カエデの仲間②

Acer spp.
■花期:4～5月 ■果実期:7～11月 ■黄葉・紅葉:10～12月

科名●	ムクロジ
和名●	トウカエデ(唐楓)
生態●	高木(落葉)
原産●	中国・台湾
分布●	植栽(公園など)

代表種:トウカエデ

観賞用に栽培されるものは海外の種類も多い

　カエデの仲間はさまざまな種類が庭や公園などに植栽されている。ハウチワカエデなどの日本の種類はもちろん、北アメリカ原産のネグンドカエデ、ヨーロッパ原産のノルウェーカエデなど海外の種類も多く使われている。また中国原産のトウカエデは成長が早く大気汚染に強いため、都市部の街路樹に使われる。なお日本固有のメグスリノキは目の薬として、また北米原産のサトウカエデはシロップを採るために栽培される。

トウカエデ
中国・台湾原産で街路樹によく使われる。葉は3裂し、秋になると紅葉する

4月頃に淡黄色の花を咲かせる。花びらは5枚

果実は幅の広い翼があり、2個1組となる。

アメリカハナノキ
北米原産。晩秋の紅葉は色が鮮烈

サトウカエデ 北米原産。樹液を煮詰めてメープルシロップを作る

ネグンドカエデ'バリエガツム' 葉は奇数羽状複葉（P.12）

ノルウェーカエデ ヨーロッパ原産。欧米でポピュラーなカエデ

ノムラカエデ オオモミジの園芸種で、葉は常に赤い

ハウチワカエデ 葉の裂片の幅が広く、羽団扇のよう

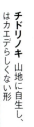
チドリノキ 山地に自生し、葉はカエデらしくない形

メグスリノキ 山地に自生し、薬用に栽培されることもある

187

果実は小ぶりでゴツゴツしているが香りはよい

葉にも柑橘系の芳香がある。葉柄（P.10）の翼（赤枠）はユズに比べると小さい

科名 ●	ミカン
和名 ●	ハナユ（花柚）
生態 ●	低木（常緑）
原産 ●	不明
分布 ●	植栽（果樹など）

花びらは5枚で、雄しべは合着して筒状になる

近縁種

ユズ ホンユズとも呼ばれる。葉柄の翼は幅広で目立つ

ハナユ

Citrus hanayu

■花期:4〜5月　■果実期:11〜翌2月

冬至にゆず湯に入る風習は江戸時代に始まった

　ユズ（ホンユズ）は中国原産の柑橘類だが、日本ではユズの代わりに近縁種のハナユ（一才ユズ）を植えることが多い。ハナユは樹高が低く、若木のうちから開花結実するからである。ハナユもユズ同様、料理などに利用できる。

枝には鋭い刺が多く、防犯効果のある生垣として使える（写真は3月上旬）

見頃: 4・5・10・11

科名	● ミカン
和名	● カラタチ（唐橘）
生態	● 低木（落葉）
原産	● 中国
分布	● 植栽（庭など）

花は直径4cm前後。香りがとてもよい

カラタチ

Citrus trifoliata
■花期:4～5月　■果実期:10～11月

古くから生垣に利用され
鋭い刺は天然の防護柵になる

中国原産の落葉低木で、刈り込みに強く盛んに枝分かれするため、生垣として古くから利用されてきた。春、葉が出る前に芳香のある白い花を咲かせる。秋にミカンのような果実ができるが、これは苦くて食用に向かない。

葉は3出複葉（P.12）。アゲハチョウ類の食樹になる

果実は直径4cm程度。苦くておいしくない

見頃: 1, 2, 3, 4, 5, 6, 7, 8, 9, 10, 11, 12

果実は冬に熟し、そのまま生で食べられる

柑橘類の中では比較的花期が遅く、梅雨期に咲く

科名	●	ミカン
和名	●	キンカン（金柑）
生態	●	低木（常緑）
原産	●	中国
分布	●	植栽（果樹など）

キンカン

 Citrus japonica

■花期:6〜7月　■果実期:11〜翌2月

果実は小ぶりだが皮ごと生で食べられる

　江戸時代に中国から渡来し、比較的暖かい地域で果樹として栽培される。マルキンカン、ナガキンカン、ネイハキンカンなどの品種があり、総称してキンカンと呼ばれる。他の柑橘類と異なり、皮ごと生食可能で甘くておいしい。

種類によって果実の大きさや形が異なる

近縁種

マメキンカン 果実が小さく食べられないが、観賞用に栽培される。別名キンズ

葉に特有の芳香がある

見頃
1
2
3
4
5
6
7
8
9
10
11
12

科名● ミカン
和名● サンショウ（山椒）
生態● 低木（落葉）
原産● 在来
分布● 北・本・四・九

春に黄緑色の花を咲かせる。雌雄別株（P.14）で、写真は雄花

サンショウ

 Zanthoxylum piperitum
■花期:4～5月　■果実期:9～12月

日本の香辛料の代表的存在
ウナギの蒲焼きでもおなじみ

　雑木林に生え、若葉は「木の芽」の名で料理に添える。また熟した果実は粉山椒や七味唐辛子などの香辛調味料にする。野生株には枝に鋭い刺があるが、栽培用にはアサクラザンショウという刺のない品種が使われることが多い。

果実は赤く熟し、やがて裂けて黒く光沢のある種子が出る

枝には鋭い刺が対生してつく

葉を揉むと独特な芳香がある

葉わきにピンクの花を咲かせる

科名	ミカン
和名	クロウエア
生態	低木（常緑）
原産	オーストラリア
分布	植栽（鉢植えなど）

代表種：クロウエア・サリグナ

花びらは5枚で、ピンクの星のように見える

クロウエア'フイリーナ'
カラフルな葉をつける斑入り葉の園芸種

クロウエア

Crowea spp.
■花期：2〜5月

サザンクロスの名で知られるオーストラリアの花木

　ミカン科クロウエア属はオーストラリアに約4種ある。うち、クロウエア・サリグナとクロウエア・エクサラータ、そして両者の交雑種が栽培されている。花色はピンクでまれに白花もある。サザンクロスという名で流通することも。

ボロニア・ピンナタ
葉は羽状複葉(P.12)で芳香がある

ピグミーランタン 花は紅色でベル形

科 名●	ミカン
和 名●	ボロニア
生 態●	低木(常緑)
原 産●	オーストラリア
分 布●	植栽(鉢植えなど)

代表種：ボロニア・ピンナタ

ボロニアの仲間

Boronia spp.
■花期:5〜11月

ボロニアは世界に約140種 葉に柑橘の香りがある種が多い

　ボロニアはミカン科ボロニア（Boronia）属の総称。約140種あり、多くがオーストラリアに自生する。数種が栽培されており、よく見られるのはピグミーランタン（Boronia heterophylla）や、ボロニア・ピンナタ（Boronia pinnata）など。

ボロニア・ピンナタの花。4枚の花びらが横に開く

近縁種
ミヤマシキミ 関東以西の山地に自生するが、園芸種が寄せ植えとして栽培される

樹木なるほどコラム❺

ハーブとして栽培される樹木

ハーブとして栽培される植物には、樹木も多数あります。
その中からいくつかピックアップして紹介します。

ローズマリー

■花期：ほぼ通年

- 科名／シソ
- 和名／マンネンロウ
- 生態／低木（常緑）
- 原産／地中海沿岸
- 分布／植栽（庭など）

古代から利用される薬用植物

園芸種が多く、枝の伸びかたや花色など変化に富む。料理やハーブティー、ポプリ、入浴剤などに使われる。

（上）ピンクの花を咲かせる品種
（右）枝葉に強い芳香がある

ラベンダー

■花期：※種類による

香りを楽しむハーブの代表

世界に約30種あり、ポピュラーなのはイングリッシュラベンダー系の品種。ハーブティーや入浴剤などにする。

フレンチラベンダー（ストエカス系）

- 科名／シソ
- 和名／ラベンダー
- 生態／小低木（常緑）
- 原産／主にヨーロッパ
- 分布／植栽（庭など）

イングリッシュラベンダー

レースラベンダー

マートル

■花期:5〜6月

葉を肉料理の香りづけに

近年は斑入り葉の品種がカラーリーフとして植えられる。花嫁のブーケに使う国もあり、別名はイワイノキ。

花には甘い香りがある

●科名/**フトモモ** ●和名/**ギンバイカ** ●生態/**低木(常緑)** ●原産/**地中海沿岸** ●分布/**植栽(庭など)**

コモンセージ

■花期:5〜7月

料理や薬用に使われるサルビア

葉に特有の芳香があり、肉料理の香りづけやハーブティーなどに使う。白い花を咲かせる品種もある。

初夏に咲く花もなかなか美しい

●科名/**シソ** ●和名/**ヤクヨウサルビア** ●生態/**小低木(常緑)** ●原産/**ヨーロッパ** ●分布/**植栽(庭など)**

レモンバーベナ

■花期:6〜9月

レモンと同じ香り成分をもつ

葉にレモンの香りがあり、原産地では古代よりハーブティーとして愛飲されてきた。

枝先に白い小さな花を多数つける

●科名/**クマツヅラ** ●和名/**コウスイボク** ●生態/**低木(常緑)** ●原産/**南アメリカ** ●分布/**植栽(庭など)**

カレーリーフ

■花期:6〜9月

カレー料理のスパイスに使われる

葉に柑橘とカレーを合わせたような香りがあり、スパイスとして広く用いられる。別名ナンヨウザンショウ。

寒さに弱いので冬は室内へ

●科名/**ミカン** ●和名/**オオバゲッキツ** ●生態/**低木(常緑)** ●原産/**インド・スリランカ** ●分布/**植栽(温室など)**

見頃
1
2
3
4
5
6
7
8
9
10
11
12

枝先に円すい花序（P.9）を出し、淡黄色の花を咲かせる

花びらは5枚で下半分に毛がある

科名	ニガキ
和名	ニワウルシ（庭漆）
生態	高木（落葉）
原産	中国
分布	河原などで野生化

果実は披針形の翼（赤枠）をもち、真ん中に種子がひとつ入る

冬芽は小さいが、葉痕（P.12）が大きく特徴的な姿となる

ニワウルシ

Ailanthus altissima

花期:6月　果実期:7〜9月

庭木や街路樹として導入 繁殖力が強く野生化している

　明治期に中国から渡来し、当初は庭木や街路樹などに使われた。成長が早いうえに種子繁殖力が強く、河原などで野生化し繁茂している。果実は披針形の翼があり、風が吹くと回転しながら飛ばされていく。別名「シンジュ」。

見頃: 5, 6, 10

初夏に淡紫色の花を枝いっぱいに咲かせる

科名	センダン
和名	センダン(栴檀)
生態	高木(落葉)
原産	在来
分布	四・九・沖

紫色の筒状の部分は、雄しべの花糸(P.8)が合着した「雄しべ筒」

センダン

Melia azedarach

■花期:5〜6月 ■果実期:10〜12月

果実は葉が落ちたあとも枝に残ることが多い

　四国以西の海岸付近には自生するほか、公園などによく植えられる。野鳥が種子を運ぶため、しばしば野生化している。材木は家具や下駄などに、果実や樹皮は生薬に、葉は殺虫剤にと利用されている。古くはオウチともいった。

果実は直径1.5〜2cmほどで熟すと淡黄色になる

葉は2〜3回羽状複葉(P.12)で、小葉が多く複雑に見える

花に花びらはなく、5枚のがくが花びらのように見える

初夏に大きな円すい花序（P.9）をつける

科名	アオイ
和名	アオギリ（青桐）
生態	高木（落葉）
原産	在来
分布	沖（※各地で野生化）

裂開した果実。果皮の縁に種子がくっついている

樹皮は緑っぽい色をしている

アオギリ

Firmiana simplex
■花期:5～7月　■果実期:8～11月

幹が緑色で葉が桐の葉に似ていることから「青桐」

　国内では沖縄県に分布しており、それ以外の地域でも公園樹や街路樹として植栽される。果実は熟す前から裂け、果皮の縁に数個の小さな種子がくっついている。この種子は水に浮くため、海流によって遠くまで運ばれる。

一日花で、ひとつの花は1日でしぼんでしまう

科名	アオイ
和名	ムクゲ(木槿)
生態	低木(落葉)
原産	中国
分布	植栽(庭など)

白地に赤い模様の花をつける園芸種

純白の花を咲かせる園芸種

ムクゲ

Hibiscus syriacus
■花期:7～9月 ■果実期:10～11月

夏の花木としておなじみ
韓国では国花になっている

　栽培の歴史は古く、日本には平安時代以前に渡来した。花はピンクで中心が濃紅色となっているものが典型。ただ数多くの園芸種があり、白や青紫色、赤紫色など、花色がとても豊富。また八重咲きやそれに近いものも多い。

果実は先がツンととがり、中に綿毛つきの種子が入る

八重咲きの園芸種

見頃: 7,8,10,11

かなり古くから庭木として栽培される

果実は毛が多くざらつき、熟すと5つに割れる

種子は硬くて長い毛が多い

科名	アオイ
和名	フヨウ(芙蓉)
生態	低木(落葉)
原産	中国
分布	植栽(庭など)

フヨウ

Hibiscus mutabilis
花期:7〜10月　果実期:10〜11月

直径10cmを超える大きなピンクの花が咲く

栽培の歴史は古く、少なくとも平安時代にはすでに親しまれていたという。静岡県より西の暖地では、野生化しているところもある。ただし寒さには弱く、寒冷地では冬はいったん地上部が枯れる。花色はピンク、白、紫など。

【園芸種】**スイフヨウ** 八重咲きで、花色が白からピンクへに変化する

【近縁種】**アメリカフヨウ** 北アメリカ原産の多年草。とても大きな花を咲かせる

近年は夏の寄せ植えにもよく使われる

見頃
1
2
3
4
5
6
7
8
9
10
11
12

科 名	● アオイ
和 名	● ブッソウゲ（仏桑花）
生 態	● 低木（常緑）
原 産	● 園芸種
分 布	● 沖縄などで古くから栽培

代表種：ブッソウゲ

沖縄で「アカバナー」と呼ばれているもの

ハイビスカス

 Hibiscus spp.

■花期：7～9月（温室では通年）

原色系の鮮やかな熱帯花木で沖縄のアカバナーもこの仲間

　大きくハワイアン系、在来系、コーラル系の3つに分けられる。1万を超える数の園芸種があり、大半はハワイアン系。温室の花のイメージが強いが、近年は夏の花壇にも使われる。ハワイの州花、マレーシアの国花でもある。

黄色っぽい花を咲かせるものもある

八重咲きの花をつけた園芸種

見頃: 3, 6, 7

3つに分かれた枝の先に、30個ほどの花が丸く集まる

葉の質感はジンチョウゲに似る

科名	ジンチョウゲ
和名	ミツマタ(三又、三椏)
生態	低木(落葉)
原産	中国〜ヒマラヤ
分布	植栽(公園など)

園芸種
アカバナミツマタ 赤色の花を咲かせる園芸種

園芸種
タイリンミツマタ ミツマタに比べると全体的に大きく花も見ごたえがある

ミツマタ

Edgeworthia chrysantha
■花期:3〜4月 ■果実期:6〜7月

ミツマタの名の通り
枝は必ず3つに分かれる

　日本には室町時代に渡来し、樹皮の繊維は紙の原料として使われる。早春、葉が出る前に咲く花が美しいため、観賞用にも栽培される。花に花弁(P.8)はなく、筒状になったがくが目立つ。近年はタイリンミツマタなど園芸種も多い。

花が咲くとあたりは甘い香りに包まれる

見頃
1
2
3
4
5
6
7
8
9
10
11
12

- 科名● ジンチョウゲ
- 和名● ジンチョウゲ（沈丁花）
- 生態● 小低木（常緑）
- 原産● 中国
- 分布● 植栽（庭など）

1月中にはつぼみが見え始めることが多い

ジンチョウゲ

Daphne odora
■花期：2〜4月

あたりに漂う花の香りが春の訪れを告げる

　室町時代に渡来した常緑樹で、庭や公園によく植えられている。花びらのように見えるのはがくで、花びらはない。がくは外側が赤紫色で内側は白色だが、両側とも白いシロバナジンチョウゲもある。日本の株はまず結実しない。

品種

シロバナジンチョウゲ
完全に白い花を咲かせるもの

園芸種

フイリジンチョウゲ
斑入り葉をつける園芸種

見頃: 6, 7

多数の装飾花が、手まり状に集まってつく

装飾花に隠れるように花（真花）がつく

科名	● アジサイ
和名	● アジサイ（紫陽花）
生態	● 低木（落葉〜半常緑）
原産	● 園芸種
分布	● 植栽（庭など）

アジサイの葉は厚く光沢がある

 品種

ガクアジサイ 本州や四国の海沿いに自生。装飾花は真花を囲むようにつく

アジサイ

Hydrangea macrophylla f. *macrophylla*

■花期：6〜7月　■果実期：10〜11月

シーボルトが感動して世界に広めた日本の花木

　アジサイは本州南岸に自生するガクアジサイから作られた園芸種。カラフルで目立つのは、がくが大きくなった装飾花で、本当の花はとても小さい。ガクアジサイは、本当の花の集まりの外側を取り囲むように装飾花が並ぶ。

山地の湿った場所に自生する

科名	アジサイ
和名	ヤマアジサイ(山紫陽花)
生態	低木(落葉)
原産	在来
分布	本(関東以西)・四・九

ヤマアジサイの葉はやや薄く、光沢はない

ヤマアジサイ

Hydrangea serrata
■花期:6〜7月 ■果実期:10〜11月

山地に自生する野生種
ガクアジサイに比べると繊細

　山地の沢筋などに生える野生のアジサイで、花色などに個体差が多く、さまざまな変種や品種がある。ガクアジサイに比べると全体的に小ぶりで、葉は薄く光沢はない。変種のアマチャは葉を甘茶の原料にするために栽培される。

ベニガク 装飾花のがくは紅がかり、縁に鋸歯(P.11)がある

アマチャ ヤマアジサイの変種で乾燥葉から甘茶をつくる

ガクアジサイ 写真は斑入りの園芸種

セイヨウアジサイ 装飾花が大きく色も豊富なものが多い

科名	アジサイ
和名	ガクアジサイ(額紫陽花)
生態	低木(落葉〜半常緑)
原産	在来
分布	本・四

代表種:ガクアジサイ

ウズアジサイ ガクアジサイの園芸種で、装飾花が丸く肉厚

シチダンカ ヤマアジサイの品種で、装飾花は八重

アジサイの仲間①

Hydrangea spp.
■花期:6〜7月 ■果実期:10〜11月

ガクアジサイ系とヤマアジサイ系がある

　いわゆる「アジサイ」は星の数ほどの園芸種があり、品種によって装飾花の色や形も千差万別。中には斑(模様)の入った葉をつける品種もある。これらにはガクアジサイ(アジサイ)系と、ヤマアジサイ系があり、葉の厚みなどが異なる。

タマアジサイ 山地に自生。つぼみは総苞(P.14)に包まれ球形になる。花期は7〜9月

科名	アジサイ
和名	カシワバアジサイ(柏葉紫陽花)
生態	低木(落葉)
原産	北アメリカ
分布	植栽(庭など)

代表種：カシワバアジサイ

カシワバアジサイ 北米原産で葉はギザギザと切れ込む

アジサイの仲間②

Hydrangea spp.
■花期:6〜9月

海外から導入された種類も近年はよく植えられる

アジサイの仲間は日本に約16種、世界に約40種あり、アジサイやヤマアジサイの園芸種以外にも、さまざまな種類が栽培されている。近年はカシワバアジサイやアナベル（アメリカアジサイの園芸種）などの人気が高い。

ピラミッドアジサイ 山地に自生するノリウツギ（アジサイの仲間）の園芸種

アメリカアジサイ 'アナベル' 北米原産。白い花が丸く集まる

見頃
1
2
3
4
5
6
7
8
9
10
11
12

ウノハナ（卯の花）の名前で古くから親しまれる

果実は2本の花柱（P.8）が残り、角のようになる

科名	アジサイ
和名	ウツギ（空木）
生態	低木（落葉）
原産	在来
分布	北・本・四・九

ウツギ

Deutzia crenata

花期：5〜7月　果実期：10〜11月

初夏の山野を白く彩り 卯の花の名で親しまれる

　日当たりのよい林縁や川岸などに生え、株立ち状になる。枝の断面が空洞になっているため、漢字で「空木」と書く。別名の「卯の花」は旧暦の4月（卯月）に咲くからという説がある。古くは土地の境界木として植えられた。

ヒメウツギ
コンパクトで花つきがよいため、花木として人気がある

サラサウツギ
ウツギの八重咲き品種。花びらの外側が紅紫色になる

街路樹の定番。春に枝いっぱいに花を咲かせる

見頃
1
2
3
4
5
6
7
8
9
10
11
12

科名●	ミズキ
和名●	ハナミズキ（花水木）
生態●	小高木（落葉）
原産●	北アメリカ
分布●	植栽（街路など）

花びらのように見えるのは総苞片（P.14）。本当の花は中心にかたまってつく

ハナミズキ

Cornus florida

■花期:4～5月 ■果実期:9～11月 ■紅葉:10～11月

日米親善の木として知られ街路樹の代表的な樹種

　かつての東京市長（1912年当時）が米国ワシントンへ桜の木を贈ったところ、そのお礼として日本に贈られたのがハナミズキ。現在では街路樹や公園樹として、全国的にポピュラーな樹種。日本の山野には同属のヤマボウシが自生する。

果実は数個ずつつく

近縁種
ヤマボウシ 山地に広く自生。総苞片は白色で先がとがる

見頃: 5, 6

初夏に散房花序（P.9）を出し、白い花を咲かせる

花は白色で、花びら4枚、雄しべ4本、雌しべ1本

科名	ミズキ
和名	ミズキ（水木）
生態	高木（落葉）
原産	在来
分布	北・本・四・九

ミズキ

Cornus controversa

■花期:5～6月 ■果実期:6～10月

若い枝と冬芽は赤っぽく光沢があって冬も目立つ

果実が熟すころに柄が赤くなる

冬芽（P.12）と若い枝は赤っぽく光沢がある

　山野でよく見られる樹種で、大きく育ったものは樹高20m近くに達し、「階段状」と呼ばれる独特の枝張りとなる。ミズキは水木の意味で、樹液が多く、春に枝先を切ると水がしたたることに由来。材木はこけしなどに使われる。

早春、葉をつける前に黄色い花を一斉に咲かせる

- 科名● **ミズキ**
- 和名● **サンシュユ(山茱萸)**
- 生態● **小高木(落葉)**
- 原産● **中国、朝鮮半島**
- 分布● **植栽(公園など)**

花びらは4枚で次第に反り返る

サンシュユ

Cornus officinalis

■花期:3〜4月　■果実期:9〜11月　■紅葉:10〜11月

早春の黄色い花はもちろん
秋の赤い実も注目したい

　江戸時代に薬用植物として渡来したものの、現在は専ら観賞用で公園などに広く植えられている。早春、葉が出る前に枝いっぱいに黄色い花が咲くのでハルコガネバナ、秋に赤い実ができることからアキサンゴとも呼ばれている。

果実は果実酒や薬として利用される

樹皮は不規則に裂けてはがれる

見頃: 6

庭木としてよく植えられる

雄花。モッコクの花は両性花だが、雄花をつける株もある

科名	● サカキ
和名	● モッコク（木斛）
生態	● 高木（常緑）
原産	● 在来
分布	● 本（関東以西）・四・九・沖

果実は球形で次第に赤く色づく

熟すと不規則に裂け、中から鮮やかな赤色の種子が出る

モッコク

Ternstroemia gymnanthera
■花期：6〜7月　■果実期：10〜11月

かつて沖縄県では建築材として重要視された

　関東以西の海岸近くに自生するほか、庭木としても人気が高く、散歩道では植栽されたものをよく見かける。常緑樹だが春に葉が入れ替わり、赤い新葉がよく目立つ。果実は赤く色づき、熟すと不規則に割れて朱色の種子が顔を出す。

花が咲くと独特の臭いがする

科名	サカキ
和名	ヒサカキ(柃、姫榊)
生態	小高木(常緑)
原産	在来
分布	本・四・九・沖

雄花。花は丸っこいベルのような形

雌花。雄花に比べると花は小さめ

ヒサカキ

Eurya japonica

■花期:3〜4月　■果実期:10〜12月

春に咲く花はかわいらしいがガス漏れ時の臭いがする

　山林内でよく見られ、地域によってはサカキの代わりに神事に用いる。雌雄別株（P.14）で、いずれも春、葉わきに小さなベルのような花を咲かせる。しかしこの花はガス漏れ時のような悪臭が強く、臭いで花の存在に気づくほど。

果実は直径5mmほどで、晩秋に黒く熟す

ハマヒサカキ ヒサカキに似るが葉は丸みを帯び、花期は晩秋。生垣に使われる

213

神事に使われるため、神社に植えられる

冬芽は(P.12)細長く、先が鎌のように曲がる

科名	サカキ
和名	サカキ(榊)
生態	高木(常緑)
原産	在来
分布	本(関東以西)・四・九・沖

果実は球形で晩秋に黒く熟す

サカキ

Cleyera japonica
■花期:6〜7月 ■果実期:11〜12月

神社に植栽され
枝葉は神事に使われる

　関東地方以西の暖地の山林に自生し、神事に使われる神聖な木として神社にもよく植えられている。サカキの名前は1年を通して葉が茂ることから栄樹という意味があり、榊という漢字は神事に使うことから作られた国字である。

花びらは5枚で白色。大きさは直径1.5cmほど

花は星形で、白色〜ピンク。下向きに咲く

樹高10〜20cmほどの小さな樹木

科名	サクラソウ
和名	ヤブコウジ（薮柑子）
生態	小低木（常緑）
原産	在来
分布	北（奥尻島）・本・四・九

見頃: 10, 11, 12

ヤブコウジ

Ardisia japonica
■花期:6〜8月　■果実期:10〜翌1月

とても背の低い木で「十両」とも呼ばれている

　雑木林の林床に生える高さ10〜20cm程度の小さな木。正月飾りに使われるほか、斑入り葉のバリエーションが豊富で古典園芸植物としても栽培される。コウジ（柑子）はミカンのことで、小さな果実をミカンに見立てたもの。

【園芸種】ヤブコウジ'紫金牛' 斑（模様）入りの葉をつける園芸種

【近縁種】カラタチバナ 「百両」とも呼ばれ、観賞用に栽培される

赤い果実が美しいため、観賞用に栽培される

花は直径約8mmで下向きに咲く

科名	サクラソウ
和名	マンリョウ（万両）
生態	低木（常緑）
原産	在来
分布	本(関東以西)・四・九・沖

葉の縁に波状の鋸歯(P.11)がある

マンリョウ

Ardisia crenata

■花期:7〜8月　■果実期:11〜翌3月

縁起がよい名前で
正月飾りとしてよく使われる

庭木として栽培されるほか、野鳥が実を食べて種子を運ぶため各地で野生化している。アリドオシ（一両）、ヤブコウジ（十両）、カラタチバナ（百両）、センリョウ（千両）、マンリョウ（万両）とあり、いずれも正月飾りに使われる。

品種

シロミノマンリョウ　白い果実をつける品種

山野に自生し、樹高5m前後になる

科名	ツバキ
和名	ヤブツバキ(薮椿)
生態	小高木(常緑)
原産	在来
分布	本・四・九・沖

花は咲き終わるとそのままポロっと落ちる

ヤブツバキ

Camellia japonica
■花期:12～翌4月　■果実期:11月

野生種のツバキで
赤紫色の花を咲かせる

　各地の山野に自生する常緑樹で、海岸近くに多い。野生株の花はふつう赤紫色だが、まれに白色や淡紅色のものもある。雄しべの花糸(かし)（P.8）は白色で、基部がくっついて筒状になる。メジロなどの野鳥が花粉を媒介する鳥媒花である。

果実は茶褐色で球形。熟すと裂開し、中から数個の種子を出す。種子から採れる油が椿油

シロバナヤブツバキ
ヤブツバキの白花品種

217

ツバキ（園芸種）の仲間

Camellia spp.
■花期：10～翌4月

科名	ツバキ
和名	カンツバキ（寒椿）
生態	低木（常緑）
原産	園芸交雑種
分布	植栽（庭など）

代表種：カンツバキ

花木として世界的に栽培され園芸種の数は1万を超える

　ツバキ科ツバキ属は日本を中心とした東アジアに120種ほどがある。この仲間は世界中で栽培され、園芸種の数は1万を超える。花色が豊富で、花の形も一重や八重以外にも多様な形態がある。これらはカンツバキ品種群、サザンカ品種群、ハルサザンカ品種群など、いくつかにグループ分けされている。カンツバキ品種群の勘次郎（別名：立寒椿）や獅子頭（別名：寒椿）は、公園などの植え込みに使われるので目にする機会が多い。

オトメツバキ ユキツバキの園芸種で、桃色の八重咲き。花は春に咲く

かぎろひ キンカチャとヤブツバキ'シルバー・チャリス'の園芸交雑種

菊更紗（きくさらさ） ヤブツバキの園芸種で江戸時代から栽培される

獅子頭 カンツバキ品種群。単にカンツバキともいう

キンギョツバキ ヤブツバキの園芸種で、葉が金魚のような形になる

花の雪 サザンカ品種群。花は一重咲きで淡紅色が混じる。花期は11～12月

富士の峰 カンツバキ品種群。ほとんどの雄しべが花弁（P.8）化した千重（せんえ）咲きの花を咲かせる

紅雀 ハルサザンカ品種群。花は桃紅色で八重咲き、極小輪、花期は12～翌3月

ワビスケ 古くから茶花として人気。花は小輪で、雄しべの先が退化している

原種の花は白色で一重咲き

果実は球形で強い光沢がある

科名●	ツバキ
和名●	サザンカ（山茶花）
生態●	小高木（常緑）
原産●	在来
分布●	本(山口県)・四・九・沖

サザンカ

 Camellia sasanqua

■花期:10〜12月　■果実期:6〜11月

初冬を代表する花木だが自生地は限られる

庭などに広く植栽され、初冬の花木としてなじみ深い。しかし自生は九州や四国などに限られる。野生株は白い花で一重咲きだが、園芸種は花色が豊富で八重咲きもある。雄しべの花糸（か し）（P.8）は淡黄色で、くっつかず横に広がる。

園芸種は花色が豊富で、花びらの枚数もさまざま

咲き終わった花は、花びらがハラハラと散る

花の直径は2〜3cmほど。下向きに咲く

見頃
1
2
3
4
5
6
7
8
9
10
11
12

- 科名● **ツバキ**
- 和名● **チャノキ（茶の木）**
- 生態● **低木（常緑）**
- 原産● **中国西南部**
- 分布● **植栽（畑など）**

葉は楕円形で、波状の鋸歯（P.11）がある。硬くて光沢が強い

チャ

Camellia sinensis
■花期:10〜12月　■果実期:10〜12月

初夏の新芽を摘んで緑茶用の茶葉として利用する

　茶葉を採るために広く栽培されるほか、生垣にも使われる。シネンシスとアッサムの2つの系統があり、日本で栽培されるのは主にシネンシス。緑茶や紅茶、ウーロン茶は製法が異なるが、いずれも本種の葉を原料にしている。

果実は球形で、熟すと3つに裂ける

新葉を摘んで緑茶にする

見頃: 6, 7

花びらは5枚 大きさは直径5cmくらい

果実は熟すと5つに裂け細かい種子を飛ばす

科名●	ツバキ
和名●	ナツツバキ(夏椿)
生態●	高木(落葉)
原産●	在来
分布●	本(福島・新潟県以西)・四・九

樹齢を重ねると樹皮ははがれ、まだら模様になる

ナツツバキ

Stewartia pseudocamellia

■花期:6〜7月 ■果実期:8〜11月 ■紅葉:11〜12月

沙羅双樹の代用にするため別名はシャラノキ

山地に自生し、庭木や公園樹としても広く栽培されている。樹皮ははがれやすく、灰白色と橙色のまだら模様になって目立つ。仏教三大聖樹のひとつ沙羅双樹（さらそうじゅ）は、フタバガキ科の別な植物だが、日本の寺院ではナツツバキを代用する。

近縁種

ヒメシャラ 山地に自生する。花は小ぶりで直径1.5〜2cmくらい

若い果実は潰すと泡立つため、石鹸の代わりに使われた

見頃
1
2
3
4
5
6
7
8
9
10
11
12

果実は夏に熟し、中から種子が1個出てくる

科名	エゴノキ
和名	エゴノキ
生態	小高木（落葉）
原産	在来
分布	ほぼ全国

初夏に白い星形の花を下向きに咲かせる

エゴノキ

Styrax japonicus
■花期:5〜6月　■果実期:8〜10月

若い果実はサポニンを含み
石鹸の代わりに使われた

　雑木林の林縁などに生え、初夏に白い星形の花を多数ぶら下げる。果実はサポニンを含み、苦くて有毒。種子は野鳥のヤマガラが好んで食べる。かつては和傘の部品のひとつ、轆轤（ろくろ）の材料として使われたため別名「ロクロギ」。

エゴノネコアシ アブラムシの一種がつくった虫こぶ。丸く集まったバナナの房のように見える部分全体が虫こぶ

園芸種

ベニバナエゴノキ ピンクの花を咲かせる園芸種

枝先に白い花を穂状に咲かせる

花の拡大。花冠(P.8)は白色で5つに開く

科名	● リョウブ
和名	● リョウブ(令法)
生態	● 小高木(落葉)
原産	● 在来
分布	● 北(南部)・本・四・九

リョウブ

Clethra barbinervis

■花期:6〜8月　■果実期:9〜10月　■紅葉:10〜11月

リョウブ科で日本に自生するのは本種のみ

山地に自生し、まだら模様の樹皮が目を引く。庭木や公園樹としても植えられ、夏に枝先から伸びる白い花穂は涼しげで美しい。また秋の紅葉も美しい。若葉は食用になり、飢饉のときの食糧として多くの人の命を救ったという。

果実は蒴果(P.13)で中に小さな種子が多数入っている

樹皮がはがれ、まだら模様の幹になる

冬芽は芽鱗(P.12)に覆われているが外れやすい

寄せ植え用の花木としても人気がある

枝先に大きな花が多数集まって咲く

科名●	ツツジ
和名●	セイヨウシャクナゲ(西洋石楠花)
生態●	低木（常緑）
原産●	園芸種
分布●	植栽（庭など）

果実は細長く、熟すと5裂して種子をこぼす

セイヨウシャクナゲ

Rhododendron × hybridum
■花期:4〜6月

花色が豊富で育てやすい
園芸種が広く栽培される

　シャクナゲの仲間は、日本の深山にも何種類か自生するが、栽培難易度は高く一般的ではない。庭木や鉢植えなどに広く使われているものは、これとは別に海外で品種改良された園芸種群。丈夫で育てやすく、花つきもよい。

葉は長楕円形で厚みがある

近縁種
アズマシャクナゲ
東日本の山地に自生する日本のシャクナゲ

オオムラサキ ヒラドツツジの代表的な園芸種

曙 ヒラドツツジの園芸種で、花色はピンク

科名	● ツツジ
和名	● ヒラドツツジ（平戸躑躅）
生態	● 低木（半常緑）
原産	● 園芸種
分布	● 植栽（公園など）

代表種：ヒラドツツジ

雲の上 クルメツツジの園芸種

難波潟 クルメツツジの園芸種

ツツジの仲間①

 Rhododendron spp.
■花期：3～5月

街中で遭遇頻度が高いのがヒラドツツジの仲間

　ヒラドツツジは、長崎県の平戸を中心に栽培されていた園芸種群でモチツツジ、キシツツジなどの交配によって生まれた。特に人気が高いのはオオムラサキ。市街地の植え込みなどによく使われるため、目にする機会が多い。

本霧島 キリシマツツジの園芸種で一重咲き。鮮やかな赤い花をつける

八重霧島 キリシマツツジの園芸種、がくが花びら状になったもの

キレンゲツツジ レンゲツツジの黄花品種

モチツツジ'花車' 全体的に腺毛が多く、べたつく

飛鳥川 オオヤマツツジの園芸種

フジマンヨウ シロリュウキュウの園芸種。花は八重咲き

朱雀 サツキとクルメツツジの交配で生まれた園芸種

アザレア ヨーロッパで改良され、鉢植えで栽培される

ツツジの仲間 ②

Rhododendron spp.
■花期:3〜5月

科名	ツツジ
和名	ヤマツツジ(山躑躅)
生態	低木(半常緑)
原産	在来
分布	北(南部)・本・四・九

代表種：ヤマツツジ

ツツジの仲間は世界に約1000種 日本にも62種が自生する

　ツツジは園芸植物のイメージが強いが、じつは日本の山野にも62種が自生している。その代表はヤマツツジ。晩春から初夏にかけて朱色の花が咲き、山道を彩る。サツキは渓流の岩壁に自生し、そこから作られた園芸種が庭木や盆栽などに利用されている。

レンゲツツジ
山地の草原に生え、橙色の大きな花をつける。毒があるので誤食に注意

ヤマツツジ 日本の野生ツツジの代表でほぼ全国に分布する。花は朱色

ミツバツツジの仲間は、葉が枝先に3枚ずつ輪生する

トウゴクミツバツツジ 東北南部から近畿の太平洋側に分布する。雄しべは10本

サツキ 盆栽や生垣に広く栽培される。他のツツジよりも花期が遅く、花は5～7月に咲く。また、サツキの葉は細くて先がとがる

ゲンカイツツジ 西日本に自生。葉が出る前に咲く

シロヤシオ 山地に自生し、白い花を咲かせる

セイシカ 国内では石垣島や西表島に自生

クロフネツツジ 中国～朝鮮半島原産で、淡いピンクの花が咲く

白い壺形の花を枝先に多数咲かせる

果実は直径5mmほどで上向きにつく

熟すと5つに割れて種子を落とす

科名	● ツツジ
和名	● アセビ（馬酔木）
生態	● 小高木（常緑）
原産	● 在来
分布	● 本（南東北以南）・四・九

つぼみは冬のうちから出ていることが多い

品種

アケボノアセビ ピンクがかった花をつけるアセビの品種で、よく栽培される

アセビ

Pieris japonica
■花期:2〜5月　■果実期:9〜10月

強い毒をもっていて野生動物も口にしない

　山地に自生し、庭園にも栽培されるため目にする機会は多い。漢字表記の「馬酔木」は、馬が食べると中毒で酔っぱらったようになることから。通常花は白だが、近年はピンクのアケボノアセビという品種もよく栽培される。

刈り込みに強いので、生垣に使われる

見頃
1
2
3
4
5
6
7
8
9
10
11
12

- 科名● ツツジ
- 和名● ドウダンツツジ(満天星躑躅、灯台躑躅)
- 生態● 低木(落葉)
- 原産● 在来
- 分布● 本・四・九

花は白い壺形で下向きにつく

ドウダンツツジ

Enkianthus perulatus

■花期:4〜5月 ■果実期:7〜10月 ■紅葉:10〜12月

生垣の定番的な樹種だが自生はかなり少ない

　刈り込みに強く自在に樹形を整えられるため、生垣や植え込みなどに広く利用されている。初夏に白い釣鐘のような花を多数ぶら下げ、秋には真っ赤に紅葉する。国内の山地にも自生しているが、分布はかなり限定される。

果実は細長く、上向きにつく

熟すと5つに開き、中の種子を落とす

見頃
1
2
3
4
5
6
7
8
9
10
11
12

洋傘を開いたような形の花が、枝先に集まってつく

花はもちろんのこと、つぼみの形も愛らしい

科名	● ツツジ
和名	● アメリカシャクナゲ(亜米利加石楠花)
生態	● 低木(常緑)
原産	● 北アメリカなど
分布	● 植栽(庭など)

代表種：アメリカンシャクナゲ

葉は濃い緑色で厚みがある

果実は小さな丸い蒴果（P.13）で、中に細かい種子が多数入る

カルミアの仲間

Kalmia spp.
■花期：4～6月

洋傘を開いたような
かわいらしい花を咲かせる

　カルミアはツツジ科カルミア（Kalmia）属の総称で、いくつかの種類が庭木として栽培されている。最もよく見かけるのが北アメリカ原産のアメリカシャクナゲ（Kalmia latifolia）とその園芸種。品種によって花色の濃淡はさまざま。

スズランエリカ
スズランのような形の花をつける

ジャノメエリカ
比較的育てやすいため古くから栽培される

科名●	ツツジ
和名●	ジャノメエリカ(蛇の目エリカ)
生態●	低木(常緑)
原産●	南アフリカ
分布●	植栽(庭など)

代表種:ジャノメエリカ

エリカの仲間

Erica spp.
■花期:ほぼ通年

花の色や形、咲く時期など バリエーションが豊富

　ツツジ科エリカ(Erica)属の総称で、世界中に700種以上ある。栽培されるのは数十種程度で、花の色や形、咲く時期などは種類によって異なる。古くから栽培されるジャノメエリカは南アフリカ原産で、寒さにも強く育てやすい。

エリカ'ウインターファイヤー'

ギョリュウモドキ
カルーナの名前で流通し、寄せ植えなどに使われる

樹木なるほどコラム❻

カラーリーフとして楽しむ樹木

葉色の美しさを楽しむ植物をカラーリーフといいます。
ここではカラーリーフの樹木をいくつか紹介します。

フィカス・プミラ

■花期：5～7月

斑(模様)入りの園芸種が栽培される

原種は千葉県以西の海岸沿いに自生する。葉に白い縁取りが入る園芸種が寄せ植えなどに使われる。

地を這うように広がっていく

科名／クワ　和名／オオイタビ　生態／つる性(常緑)　原産／日本など　分布／本・四・九・沖

セイヨウイワナンテン

赤や白、緑と葉の彩りが豊か

■花期：4～5月

葉色がカラフルで人気がある

都市部の緑地の植栽によく使われる。葉が派手で目立ちにくいが、春に咲く白いベルのような花も愛らしい。

科名／ツツジ　和名／セイヨウイワナンテン　生態／小低木(常緑)　原産／北アメリカ　分布／植栽(庭など)

モクビャッコウ

冬に黄色い花を咲かせる

■花期：12～翌2月

葉には強い芳香がある

沖縄などの海岸地帯に自生する。葉は白い綿毛に覆われて銀白色になり、美しいため寄せ植えなどに使われる。

科名／キク　和名／モクビャッコウ　生態／小低木(常緑)　原産／日本など　分布／沖縄

ウエストリンギア

■花期:ほぼ通年

ちらほらと咲く花にも注目

暑さに強くこんもりと茂り、暖地の都市部で植栽によく使われる。別名オーストラリアンローズマリー。

ウエストリンギア'モーニングライト'

| 科名／シソ | 和名／ウエストリンギア | 生態／低木(常緑) | 原産／オーストラリア | 分布／植栽(庭など) |

ドドナエア

■花期:5〜6月

ポップブッシュとも呼ばれる

秋から冬にかけ、気温が下がるにつれて葉が銅色に変化していく。寒さには強いが寒冷地では防寒が必要。

ドドナエア'パープレア'

| 科名／ムクロジ | 和名／ドドナエア | 生態／低木(常緑) | 原産／オーストラリア | 分布／植栽(庭など) |

コプロスマ

■花期:7〜8月

原産国では生垣にも使われる

この仲間で最も栽培されるのはコプロスマ・レペンス。耐寒性は弱いが、多少の低温に当てると葉が赤く色づく。

コプロスマ・レペンスの園芸種

| 科名／アカネ | 和名／コプロスマ | 生態／小低木(常緑) | 原産／オーストラリアなど | 分布／植栽(庭など) |

オオナワシログミ

■花期:11〜12月

斑入り品種が出回るようになった

オオナワシログミはオオバグミとナワシログミの雑種で、近年斑入りの園芸種がいくつか栽培されている。

オオナワシログミ'ギルトエッジ'

| 科名／グミ | 和名／オオナワシログミ | 生態／低木(常緑) | 原産／園芸交雑種 | 分布／植栽(庭など) |

見頃: 1 2 3 4 5 6 7 8 9 10 11 12

冬から翌年の春にかけて、赤い果実が目立つ

春、枝先に多数の小さな花がつく

雄花。花の中心に4本の雄しべがある

雌花。花の中心に1本の雌しべがある

科名	アオキ
和名	アオキ（青木）
生態	低木（常緑）
原産	在来
分布	北(南部)・本・四・九・沖

品種

アオバナアオキ アオキの品種で緑の花を咲かせる

園芸種

フイリアオキ 斑入りの葉をつける園芸種

アオキ

Aucuba japonica
■花期：3〜5月　■果実期：12〜翌5月

1年中葉が青々としていて枝も緑色なので「青木」

山林の林床のうす暗いところに、下草のように群生する常緑低木。古くから栽培されていて、フイリアオキ、ホソバアオキなど園芸種も多い。日本海側には雪の重みに耐えるために這うように伸びる、変種のヒメアオキが自生する。

よく枝分かれしながらこんもりと茂る

見頃
1
2
3
4
5
6
7
8
9
10
11
12

- 科名● アカネ
- 和名● ハクチョウゲ（白丁花）
- 生態● 低木（常緑）
- 原産● 中国
- 分布● 植栽（庭など）

花は直径1cm前後。花冠（P.8）は5つに裂ける

ハクチョウゲ

Serissa japonica
■花期:5〜7月

イヌツゲとともに
生垣用に広く植えられる

　刈り込みにとても強く、細かく枝分かれして樹形がきれいに整うため、生垣に使われる。葉の縁と中心脈に沿って白い斑（模様）が入り、初夏に枝いっぱいに咲かせる花も美しい。果実はほとんどできないが、挿し木で簡単に増やせる。

よく栽培されるのは、葉に白い縁取りが入る園芸種

葉の基部にある托葉（P.10）は刺状になるが、触っても痛くない

クチナシ

Gardenia jasminoides

■花期:6〜7月　■果実期:11〜12月

科名	アカネ
和名	クチナシ(梔子)
生態	低木(常緑)
原産	在来
分布	本(静岡以西)・四・九・沖

果実から採れる黄色い色素は染料や着色料になる

　静岡県以西の山地に自生するほか、古くから庭園に栽培される。梅雨のころに甘く濃厚な香りの白い花を咲かせる。冬に熟す果実からは黄色い色素が採れ、栗きんとんやたくあんなど食品の色づけにも広く使われている。

　野生株は一重咲きで花冠(か かん)（P.8）が5〜7裂するが、庭園に栽培されるものの中にはヤエクチナシと呼ばれる八重咲き品種もある。また公園などには、中国原産で花や葉がやや小さいコクチナシがよく植えられる。コクチナシにも八重咲き品があり、ヤエコクチナシと呼ばれる。

クチナシ 梅雨期を代表する花木のひとつ。花の香りがよい

クチナシの花。花冠は5〜7つに裂ける。雄しべは裂け目にあり、横に広がる

果実は橙色で、先端にがくが残る

ヤエクチナシ クチナシの八重咲きでよく栽培される

コクチナシ 中国原産のクチナシの変種。クチナシに比べると葉も花も小さい

ヤエコクチナシ コクチナシの八重咲きで、コクチナシ同様広く栽培される

見頃: 6, 7, 8, 9, 10

秋にかけて次々と花を咲かせる

細長い角のような形の果実ができる

科名	キョウチクトウ
和名	キョウチクトウ（夾竹桃）
生態	小高木（常緑）
原産	インド
分布	植栽（公園など）

白い花を咲かせる園芸種

八重咲きの園芸種

キョウチクトウ

Nerium oleander var. *indicum*

花期:6～9月　果実期:10～11月

排気ガスに強く、幹線道路や工業団地に植えられる

　キョウチクトウ科の代表種。大気汚染に強いため都市部の街路樹として植栽される。花色は赤紫のほかに白やピンクなどがあり、八重咲きや斑(模様)入り葉の品種も栽培される。全体に強い毒があるため、絶対に口にしないで。

つる性で壁面緑化にも使われる

見頃
1
2
3
4
5
6
7
8
9
10
11
12

- 科名● キョウチクトウ
- 和名● テイカカズラ（定家葛）
- 生態● つる性（常緑）
- 原産● 在来
- 分布● 本・四・九

種子に綿毛があり、風によって運ばれていく

果実は細長く、2本ずつつくことが多い

テイカカズラ

Trachelospermum asiaticum
■花期:5～7月　■果実期:11～12月

常緑性のつる植物で壁面緑化によく使われる

　山野では岩壁や大木の幹などをよじ登るように自生。この性質を利用して、都市部の壁やフェンスの緑化に広く利用される。花は白色だが中心付近は濃黄色。名前のテイカは平安～鎌倉時代の歌人・藤原定家にちなんだもの。

近縁種

ハツユキカズラ
斑入りの葉をつけるテイカカズラの園芸種。グランドカバーとしてよく栽培される

トロピカルな雰囲気があるつる植物

マンデビラ・ボリビエンシス サマードレスの名前で栽培される原種

科名	キョウチクトウ
和名	マンデビラ
生態	つる性（常緑）
原産	中央アメリカ～アルゼンチン
分布	植栽（鉢植えなど）

代表種：マンデビラ・ボリビエンシス

マンデビラの仲間

Mandevilla spp.
■花期：5～10月

夏の花壇を華やかに彩る熱帯のつる植物

かつてディプラデニア（Dipladenia）属に分類されていたため、その名で呼ばれることも。この仲間は約120種あり、そのうち数種程度が夏の花として流通する。近年は品種改良が進み、園芸種のサンパラソルが主流となっている。

近縁種 アラマンダ　南米原産の常緑樹で黄色い花を咲かせる

近縁種 マダガスカルジャスミン　マダガスカル原産で花の香りがよい

河川敷などでよく見かける

花は星形で淡紫色。晩秋まで咲き続ける

- 科名● ナス
- 和名● クコ(枸杞)
- 生態● 低木(落葉)
- 原産● 在来
- 分布● 本・四・九・沖

クコ

Lycium chinense
■花期:7〜11月 ■果実期:8〜12月

河原や海沿いに群生し 果実は中華料理等に使われる

　河原や海沿いに多く、地下茎を伸ばして群生している場所も多い。春の若葉は山菜として食べられる。また果実は「枸杞子(くこし)」と呼ばれ、中華料理や果実酒、生薬などに使われる。枝に鋭い刺が多いため、観察時には注意が必要。

枝には鋭い刺があり、うっかり触ると痛い

若葉は山菜として利用できる

243

見頃
1
2
3
4
5
6
7
8
9
10
11
12

葉も花も大きくて人目を引く

正面から見た花の形はアサガオの花のよう

科名●	ナス
和名●	キダチチョウセンアサガオ（木立朝鮮朝顔）
生態●	低木（常緑）
原産●	南アメリカ
分布●	植栽（庭など）

代表種：キダチチョウセンアサガオ

エンゼルトランペット

Brugmansia spp.
■花期：6〜11月

名前のかわいらしさとは裏腹に猛毒なので取り扱いに注意

葉は10〜20cmでやわらかい

白い花を咲かせるものもある

　かつてはチョウセンアサガオ（Datura）属に分類されていたため、ダチュラとも呼ばれる。園芸種が多く、花色も豊富。寒さに弱いため越冬には5℃以上必要。猛毒なので誤食はもちろん、汁液が身体につかないよう気をつけたい。

枝先に白い花がびっしりと集まって咲く

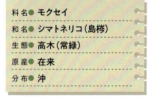

科名	モクセイ
和名	シマトネリコ（島梣）
生態	高木（常緑）
原産	在来
分布	沖

葉は奇数羽状複葉（P.12）で光沢がある

シマトネリコ

 Fraxinus griffithii
■花期:5〜6月　■果実期:10〜11月

都市部でよく植えられ
しばしば野生化している

　沖縄県より南の暖かい地域に自生するが、近年は都市部でも街路樹などによく使われるため見る機会が多くなった。東京などでは屋外越冬可能。果実は細長い翼があり、風であちこち運ばれるため、至るところで野生化している。

ひとつの花の直径は約5mm

果実は細長い翼がある

見頃: 4

枝は通常、上に向かって伸びる

果実は長さ1.5cmほどで先がとがる

科名	モクセイ
和名	シナレンギョウ(支那連翹)
生態	低木(落葉)
原産	中国
分布	植栽(公園など)

葉の鋸歯は上半分のみ

チョウセンレンギョウ 枝は横に長く広がる傾向がある

シナレンギョウ

Forsythia viridissima
■花期:4月 ■果実期:7〜10月

レンギョウの仲間で最も多く栽培される

　レンギョウの仲間は7種あり、最もよく栽培されるのが中国原産のシナレンギョウ。公園の植え込みなどに使われ、春、新葉の展開と同時に枝いっぱいに黄色い花を咲かせる。枝は上向きに伸び、葉は上半分にだけ鋸歯(P.11)がある。

花は枝先に集まってつく

見頃
1
2
3
4
5
6
7
8
9
10
11
12

- 科名● モクセイ
- 和名● イボタノキ(水蠟の木)
- 生態● 低木(落葉)
- 原産● 在来
- 分布● 北・本・四・九

樹皮は灰褐色で、はっきりとした模様がある

イボタノキ

Ligustrum obtusifolium
■花期:5〜6月　■果実期:10〜12月

山野の林縁に多く生え、初夏に白い花の穂をつける

刈り込みに強いので生垣にも使われる。イボタロウムシ(カイガラムシの一種)がつき、これが分泌する白いロウ状の物質はワックス代わりに使われた。近年栽培されているプリペットの多くは、中国原産のシナイボタと考えられる。

果実は直径5〜6mmで、秋に黒紫色に熟す

近縁種

シナイボタ　中国原産でプリペットの名前で栽培される

見頃: 6, 10, 11, 12

果実はやや細長く、ネズミの糞を連想させる

花は香りが強く、昆虫がよく集まる

科名	モクセイ
和名	ネズミモチ（鼠黐）
生態	小高木（常緑）
原産	在来
分布	本（関東以西）・四・九・沖

ネズミモチ

Ligustrum japonicum

花期:6月　果実期:10〜12月

都市部では中国原産のトウネズミモチのほうが多い

葉は先がとがった楕円形で無毛。太陽にかざしても葉脈は透けない

トウネズミモチ
中国原産。果実は球形で、葉に光を当てると葉脈が透ける

　暖地に自生し、庭木としても広く栽培される。葉は揉むと青リンゴのような香りがする。名前は熟した果実がネズミの糞を連想させ、葉の質感がモチノキに似ることから。近縁種のトウネズミモチは都市部の街路樹などに使われる。

葉は硬く、裏面は銀白色

科名	モクセイ
和名	オリーブ
生態	高木（常緑）
原産	西アジア（諸説あり）
分布	植栽（果樹）

5〜7月に香りのある白っぽい花を咲かせる

オリーブ

Olea europaea
■花期:5〜7月　■果実期:11月

果肉から採れるオリーブ油が料理に幅広く使われている

　かなり古くから地中海沿岸地方で広く栽培され、果肉から採れるオリーブ油は、同地域では料理に欠かせない。日本では江戸時代末期に渡来し、小豆島など瀬戸内地方で広く栽培されている。未熟な果実はピクルスに加工される。

未熟な果実。大きさは約2〜3cm

果実は熟すと赤紫色になり、完熟すると黒くなる

キンモクセイの仲間

Osmanthus spp.
■花期:10〜11月

科名	モクセイ
和名	キンモクセイ(金木犀)
生態	小高木(常緑)
原産	中国
分布	植栽(庭など)

代表種:キンモクセイ

花が咲くと漂う甘い香りは秋の風物詩となっている

　中国原産で、庭木や公園樹として広く栽培されている常緑樹。秋に甘い香りのする橙色の花を一斉に咲かせる。どこからともなく漂ってくる花の香りで存在に気がつくほど。雌雄別株(P.14)だが、日本には雄株しかないため果実を見る機会はない。

　キンモクセイの母種で白い花を咲かせるギンモクセイもまれに栽培されており、こちらは雌株も存在する。また、ギンモクセイとヒイラギの交雑種と推定されるヒイラギモクセイも、公園樹としてしばしば見かける。

花のない時期はあまり存在感がない

キンモクセイの花は葉わきにかたまってつく

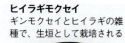
ヒイラギモクセイ
ギンモクセイとヒイラギの雑種で、生垣として栽培される

キンモクセイ
花色は橙色で甘い香りがする

ギンモクセイ
キンモクセイの母種で、白っぽい花を咲かせる

ヒイラギモクセイの葉は幅が広く、縁はヒイラギのようにギザつく

ギンモクセイは、花や葉の形がキンモクセイに似ているが、花は白く香りも弱い

見頃: 6, 7, 11, 12

花は初冬に咲き、とてもよい香りがする

果実は6月頃に青黒く熟す

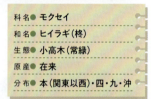

- 科名● モクセイ
- 和名● ヒイラギ(柊)
- 生態● 小高木(常緑)
- 原産● 在来
- 分布● 本(関東以西)・四・九・沖

ヒイラギ

Osmanthus heterophyllus

■花期:11〜12月　■果実期:6〜7月

トゲトゲの葉が特徴だが古木になると丸い葉が増える

樹齢を重ねると、次第に丸い葉が多くなる

 園芸種

フイリヒイラギ ヒイラギの園芸種で葉に斑(模様)が入る

　関東以西の山地に自生するほか、公園や庭にも栽培される。雌雄別株(P.14)で、どちらも白い花を多数咲かせる。雌株は翌年の6月頃に青黒い果実ができる。節分にヒイラギの枝にイワシの頭を刺して飾り、魔除けにする地域もある。

花は黄色で、葉が出る前に咲く

見頃
1
2
3
4
5
6
7
8
9
10
11
12

- 科名● モクセイ
- 和名● オウバイ（黄梅）
- 生態● 小低木（落葉）
- 原産● 中国
- 分布● 植栽（庭など）

葉は3出複葉（P.12）

オウバイ

Jasminum nudiflorum
■花期:2〜4月

ジャスミンの仲間だがジャスミンの香りはしない

　江戸時代に導入され、庭木として栽培される。早春、葉に先立って枝いっぱいに黄色い花を咲かせる。枝はゆるやかにしなだれ、地面に届くと節から根を出す。原産地の中国では、早春に咲くことから「迎春花（げいしゅんか）」と呼ばれている。

近縁種

オウバイモドキ 早春に咲き、花は八重咲きのように見える

近縁種

キソケイ ヒマラヤ原産で、初夏に黄色い花を咲かせる

253

円錐形の白い花を多数つける

果実は直径約1cmで秋に青黒く熟す

葉は広卵形〜長楕円形。長さは10cmほどになる

冬芽(P.12)は円錐形で、表面に毛が多い

科名	モクセイ
和名	ヒトツバタゴ(一葉田子)
生態	高木(落葉)
原産	在来
分布	本(中部)・九(対馬)

ヒトツバタゴ

 Chionanthus retusus

■花期:5月 ■果実期:10〜11月

珍しい木で昔は正体がわからずナンジャモンジャノキと呼ばれた

　本州中部と対馬の限られた地域に生え、自生地が天然記念物に指定されているところも多い。ときに公園などにも植えられる。5月頃、樹冠いっぱいに白い花を咲かせ、遠目からでもよく目立つ。名前のタゴはトネリコのこと。

枝先に紫色の「花の房」がつく

見頃
1
2
3
4
5
6
7
8
9
10
11
12

科名	ゴマノハグサ
和名	フサフジウツギ（房藤空木）
生態	低木（落葉）
原産	中国・アフリカ北部・北アメリカなど
分布	植栽、しばしば野生化

代表種：フサフジウツギ

白い花を咲かせる園芸種もある

ブッドレア

Buddleja spp.

■花期：5〜10月　■紅葉：10〜12月

花が咲くとたくさんのチョウが集まってくる

　ブッドレアはフジウツギ（Buddleja）属の総称で、世界に100種ほどがある。そのうち主に栽培されるのは中国原産のフサフジウツギ。花が咲くとチョウがよく集まるため、英名はバタフライブッシュ。繁殖力が強く各地で野生化している。

葉は卵状長楕円形

果実は細長く、中に細かい種子が多数入っている

ノウゼンカズラ 花の穂は長め

アイノコノウゼンカズラ 花は枝先に密集する

ノウゼンカズラは花筒が短く、がくは緑

アイノコノウゼンカズラのがくはオレンジ色

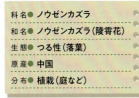

科名	● ノウゼンカズラ
和名	● ノウゼンカズラ(陵霄花)
生態	● つる性(落葉)
原産	● 中国
分布	● 植栽(庭など)

代表種：ノウゼンカズラ

アメリカノウゼンカズラ 花筒が長く、小葉は9〜11枚程度

アメリカノウゼンカズラはまれに結実する

ノウゼンカズラの仲間

 Campsis spp.
■花期:6〜9月

近年は園芸交雑種のアイノコノウゼンカズラが多い

　ノウゼンカズラは少なくとも平安時代には栽培されていたという歴史ある花木。夏に橙色の花を次々と咲かせるが、日本ではまず結実しない。近年はアメリカノウゼンカズラとの雑種アイノコノウゼンカズラが多く栽培される。

コムラサキに比べると果実のつき方はまばら

花は薄い紫色で、先は4つに開く

科名	シソ
和名	ムラサキシキブ（紫式部）
生態	低木（落葉）
原産	在来
分布	ほぼ全国

ムラサキシキブ

Callicarpa japonica
■花期:6〜8月　■果実期:10〜12月

枯れ野となった初冬の里山で 紫色の美しい果実が目立つ

　山野の林縁に自生し、秋に熟す紫色の果実はしばらく枝に残るため、初冬の里山でよく目立つ。まれに白い果実をつけるものがあり、シロシキブという。「むらさきしきぶ」の名で栽培されるものの多くは近縁種のコムラサキ（P.258）。

冬芽は裸芽（P.12）と呼ばれる形態で葉の形がよくわかる

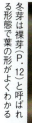

葉は全体に細かい鋸歯（P.11）がある

見頃: 7, 8

葉わきに紫色の果実をぎっしりとつける

梅雨時に薄紫色の花をつける。葉は鋸歯（P.11）で上半分にだけある

科名	シソ
和名	コムラサキ（小紫）
生態	低木（落葉）
原産	在来
分布	本・四・九・沖

品種

シロミノコムラサキ
コムラサキの品種で果実は白く熟す。花も白い

コムラサキ

Callicarpa dichotoma
■花期：7～8月 ■果実期：10～12月

「むらさきしきぶ」の名で広く栽培されている

　山地に自生するものの、野生株はまれ。ただ「むらさきしきぶ」の名前で広く栽培されるため、目にする機会は多い。果実はむらさきしきぶよりも密で枝にぎっしりとつく。白い果実をつけるものはシロミノコムラサキという。

花の香りがよく、チョウがよく訪れる

見頃
1 2 3 4 5 6 7 8 9 10 11 12

科名	シソ
和名	クサギ（臭木）
生態	小高木（落葉）
原産	在来
分布	ほぼ全国

星形の赤いがくと、藍色の果実がよく目立つ

クサギ

Clerodendrum trichotomum
■花期:7〜9月　■果実期:10〜11月

葉の独特の臭いが名前の由来となっている

　山野でよく見られ、葉に強い臭いがあることから「臭い木」と呼ばれ、それが名の由来である。花は香り高く、チョウなどの昆虫がよく訪れる。果実は光沢のある藍色で、星形に開いた真っ赤ながくとのコントラストが美しい。

樹皮は模様が複雑で、あちこちに裂け目ができる

近縁種

ボタンクサギ 中国原産で観賞用に栽培されるが、繁殖力が強く各地で野生化している

花冠(P.11)は釣鐘型で外側は短毛が密生する。がくも茶色い毛が多い

科名	キリ
和名	キリ(桐)
生態	高木(落葉)
原産	中国中部
分布	植栽(庭など)

花が咲くと辺りは甘い香りに包まれる

葉は大型で、切れ込みが入って三角形や五角形のようになる

果実はくちばしのようにとがり、熟すと先が2つに開く

キリ

Paulownia tomentosa

■花期:5～6月　■果実期:10～12月

昔は嫁入り道具の桐たんすを作るため庭に植えられた

　古くから民家の軒先などで栽培され、知名度の高い樹種のひとつ。そのためか、葉の形がキリに似た樹木には「○○ギリ」の和名がつけられていることが多い。成長がとても早く高木になるため、花は遠くからでもよく目立つ。

花は淡黄白色。花びらは4枚　　刈り込んで樹形を作ることができる

科名	●	モチノキ
和名	●	イヌツゲ(犬黄楊)
生態	●	小高木（常緑）
原産	●	在来
分布	●	本・四・九

果実は直径5～6mm程度で黒く熟す

イヌツゲ

 Ilex crenata
■花期:5～7月　■果実期:10～12月

生垣や庭木の定番で
本家ツゲより多く栽培される

　山野に自生するほか、庭木や生垣、盆栽としてかなり多く目にする。刈り込みにきわめて強く、樹形を自在に整えることができる。ぷっくりとした葉をつけるマメイヌツゲや、新芽が黄緑色のキンメイヌツゲなどが栽培される。

品種
マメイヌツゲ 葉に光沢があり、ぷっくり膨らんで見える

園芸種
キンメイヌツゲ 新芽が鮮やかな黄緑色になる

葉わきにぎっしりと赤い果実がつく

花はピンクがかった淡緑色で、花びらは4～6枚

科名●	モチノキ
和名●	クロガネモチ(黒鉄黐)
生態●	高木(常緑)
原産●	在来
分布●	本(関東以西・四・九・沖

幹の樹皮はなめらかで、色は明るめ

枝は黒っぽい色をしている

クロガネモチ

Ilex rotunda

■花期:5～6月 ■果実期:11～12月

**公園によく植えられ
小さな赤い実がぎっしりとつく**

　関東地方以西の暖かい地域に自生し、公園にも広く植栽されている。雌雄別株(P.14)で、雌株がよく植えられている。幹の樹皮は白っぽいものの、葉柄や枝先は黒みがかった色をしているためクロガネ(黒鉄)という名がついた。

葉のわきから伸びた柄の先に、小さな白い花を咲かせる

科名	モチノキ
和名	ソヨゴ（冬青）
生態	小高木（常緑）
原産	在来
分布	本（新潟・茨城県以西・四・九

長い柄の先に赤い果実が1つつく

ソヨゴ

Ilex pedunculosa

■花期:5〜7月 ■果実期:10〜12月

主に西日本に自生するが近年は庭木として人気がある

関東以西の山地に自生し、近年は庭木としてもよく栽培される。地域によってはサカキの代用とする。葉は硬く、風にそよぐと音が出ることが名前の由来といわれる。果実は長い柄の先にぶら下がるようにつく。雌雄別株(P.14)。

雌花。花びらは4〜5枚。雌花にも雄しべはあるが、退化している

アオハダ 山地に生える落葉高木。名の由来は樹皮を傷つけると中の緑色が目立つから

見頃: 4, 11, 12

赤くて丸い果実がよく目立つ

雄花。葉わきに淡緑色の花が多数つく

雌花。雄しべはあるが退化している

科名	モチノキ
和名	モチノキ(黐の木)
生態	高木(常緑)
原産	在来
分布	本(南東北以南)・四・九・沖

モチノキ

Ilex integra
花期:4月　果実期:11〜12月

名前の由来は樹皮から鳥もちを作ったから

モチノキ科を代表する常緑樹で、海岸近くの山林に自生し、庭や公園にもよく栽培される。雌雄別株(P.14)でいずれも春に淡緑色の花を咲かせる。秋になると赤い果実が熟すが、果実はモチノキ科の中では比較的大きな部類に入る。

近縁種

ヒイラギモチ 別名「チャイニーズホーリー」。葉に刺がある。冬に赤い果実ができるためクリスマス飾りに使われる

秋、葉わきに小さな赤い果実が多数つく

花は葉わきにかたまってつく

科名	モチノキ
和名	タラヨウ(多羅葉)
生態	高木(常緑)
原産	在来
分布	本(静岡県以西)・四・九

タラヨウ

Ilex latifolia
■花期:5〜6月 ■果実期:11月

葉裏は引っかいたところが黒くなるので文字が書ける

　静岡県以西の山地に自生するほか、庭園などにも栽培される。「葉書」の元になった木で、葉裏に傷をつけると黒く変色して字が書ける。そのため郵便局の木にも指定されている。雌雄別株(P.14)で雌株は秋に赤い果実がぎっしりとつく。

樹皮は灰色でなめらか

葉裏に小枝で字を書いた様子。ここから「はがきの木」とも呼ばれる

見頃: 5, 6, 9, 10, 11, 12

多数の小さな白い花が花笠状につく

果実は酸っぱいが、霜に当たると甘くなる

晩秋の紅葉も美しい

科名	ガマズミ
和名	ガマズミ(莢蒾)
生態	低木(落葉)
原産	在来
分布	北(西南部)・本・四・九

冬芽の芽鱗(P.12)と若枝は茶色い毛に覆われる

ガマズミ

 Viburnum dilatatum

■花期:5〜6月 ■果実期:9〜11月 ■紅葉:10〜12月

初夏の白い花と秋の赤い実が山林に彩りを添える

　山野でよく見られる樹種で、初夏に咲く白い花には独特の臭いがある。果実は秋に赤く熟すが酸味が強い。霜に当たると次第に甘くなり、ジャムなどに利用できる。ガマズミの名前の由来には諸説あり、よくわかっていない。

ハクサンボク
暖地の海沿いに生える常緑樹で、街路樹などに使われる

小さな白い花を多数咲かせる

果実は赤く色づき、完熟すると黒くなる

科名	ガマズミ
和名	サンゴジュ(珊瑚樹)
生態	高木(常緑)
原産	在来
分布	本(関東以西)・四・九・沖

サンゴジュ

 Viburnum odoratissimum var. *awabuki*
■花期:6月 ■果実期:8〜10月

初夏、枝先に白い花を咲かせチョウなどの昆虫がよく来る

　強い光沢をもつ、深緑色の葉が印象的な照葉樹。関東以西の海沿いに生え、公園樹や生垣として植栽されたものを目にする機会も多い。秋に赤い果実がぎっしりとつき、枝先も赤くなるため、これを珊瑚に見立てて名前がつけられた。

樹皮はグレーがかった茶色で皮目がある

開き始めた新葉。独特な形をしていて目立つ

見頃: 3,4,5,6,7,8

枝先に円すい花序(P.9)をつける

ひとつの花の直径は約4mm

科名	● ガマズミ
和名	● ニワトコ(庭常)
生態	● 小高木(落葉)
原産	● 在来
分布	● 本・四・九

ニワトコ

Sambucus racemosa subsp. *sieboldiana*

■花期:3〜5月 ■果実期:6〜8月

早春の新芽やつぼみは山菜になるが食べすぎ注意

春の芽吹き。カリフラワーのようなつぼみが見える

果実は直径3〜5mmで初夏に赤く熟す

　身近な場所に自生し、株元から多数の枝を伸ばし、枝は長くのびて弧を描くようにしなる。植物の葉を顕微鏡で観察するとき、枝の中の髄(P.12)に挟んでからカミソリで切ると、薄く切れるため利用される。別名「セッコツボク」。

花色はピンクや白で、品種によって色の濃淡がある

花は枝先につき、香りがよい

科名	スイカズラ
和名	ハナゾノツクバネウツギ（花園衝羽根空木）
生態	低木（常緑）
原産	園芸交雑種
分布	植栽（公園など）

アベリア

 Abelia × grandiflora

■花期:5〜11月 ■紅葉:11〜翌2月

公園や植え込みに多用され街中で頻繁に目にする花木

Abelia chinensisとAbelia unifloraの交配によって誕生した園芸交雑種。和名はハナゾノツクバネウツギで、がくの形が羽つきの羽根（衝羽根）に似ている。結実はしない。花色は白が定番だが、ピンクなどもある。

常緑だが、寒さに当たると赤く色づく

園芸種
アベリア'ホープレイズ'
花はピンクで葉に斑が入る

山野でよくに見られるつる植物

花は最初白色で、時間とともに黄色くなる

科名	● スイカズラ
和名	● スイカズラ(吸葛)
生態	● つる性(半常緑)
原産	● 在来
分布	● 北(南端)・本・四・九

スイカズラ

Lonicera japonica

■花期:5~6月 ■果実期:9~12月 ■紅葉:11~翌2月

花のつけ根に蜜があり それを吸ったことから「吸葛(すいかずら)」

冬の葉は寒さに当たると赤黒く色づく

果実は黒色で光沢があり、一般的に2つずつ並んでつく

　身近な場所に多いつる植物で白い花を咲かせるが、次第に黄色くなるため金銀花(きんぎんか)ともいう。また寒さに当たると紅葉するが、常緑で冬の間も葉を落とさないことから忍冬(にんどう)とも呼ばれる。花に芳香があり、昼よりも夜のほうがよく香る。

ツキヌキニンドウ 花のすぐ下にある葉は2枚がつながって、丸い1枚の葉のようになる

科名	スイカズラ
和名	ツキヌキニンドウ(突抜忍冬)
生態	つる性(常緑)
原産	北アメリカ
分布	植栽(庭など)

代表種：ツキヌキニンドウ

ツキヌキニンドウはまれに赤い実ができる

ロニセラの仲間

Lonicera spp.
■花期：※種類による ■果実期：※種類による

スイカズラの仲間の総称でさまざまな種類が栽培される

　スイカズラ科スイカズラ（Lonicera）属の総称で、北半球に約180種あり海外から多くの種類が導入されている。北アメリカ原産のツキヌキニンドウや、ヨーロッパ原産のハニーサックルなどが栽培されている。

ハニーサックル'ゴールドフレーム' 花つきがよい園芸種

ロニセラ・ニティダ 中国原産の常緑低木で生垣に使われる

見頃: 3, 4, 5, 6

花はたいてい1個ずつで、下向きに咲く

花冠(P.8)は淡紅色で、先が星形に開く

科名	スイカズラ
和名	ウグイスカグラ(鶯神楽)
生態	低木(落葉)
原産	在来
分布	北(南部)・本・四・九

果実は直径1〜1.5cmほど。甘みがあり生で食べられる

 変種

ミヤマウグイスカグラ
山地に生える変種で、全体に腺毛(粘液を出す毛)が多い

ウグイスカグラ

Lonicera gracilipes var. *glabra*
■花期:3〜5月 ■果実期:5〜6月

低木なので春に咲く
淡紅色の花は観察しやすい

　春、枝先に淡紅色の花を下向きに咲かせる。果実は初夏に熟し、甘みがあって生食できる。名前の由来は諸説あり、はっきりしない。日本固有種。本種は全体無毛だが、花や葉にまばらに毛があるものをミヤマウグイスカグラという。

花は最初白色だが、次第に紅紫色になる

花筒は急に大きく膨らみ、表面に毛はない

科名	スイカズラ
和名	ハコネウツギ（箱根空木）
生態	小高木（落葉）
原産	在来
分布	北(南部)・本・四・九

ハコネウツギ

Weigela coraeensis

■花期:5〜6月　■果実期:10〜12月

名前にハコネとつくが 特に箱根に多いわけではない

葉は楕円形で表面に光沢がある

　日本固有種で海岸近くに自生するほか、同じ仲間のタニウツギとともに公園にもよく植えられる。花の咲き始めは白色だが、次第に赤紫色へと変わる。花が最初から赤紫色のベニバナハコネウツギなどいくつか品種がある。

ベニバナハコネウツギ
花は最初から紅紫色

見頃: 4, 5, 6, 11

花びらは5枚。最初は白いが、次第に黄色くなる

若い果実は球形で直径1〜1.5cmくらい

科名	トベラ
和名	トベラ(扉)
生態	小高木(常緑)
原産	在来
分布	本・四・九・沖

トベラ

Pittosporum tobira
■花期:4〜6月 ■果実期:11〜12月

初夏の海沿いで芳香のある白い花を咲かせる

果実は熟すと裂けて、ベタベタとした赤い種子が顔を出す

冬芽は丸っこい形をしている

　海岸沿いに自生し、公園などにも植えられる。名前はトビラ(扉)に由来し、独特の臭気をもつ枝葉を、節分の鬼除けとして扉に挟んだことから。雌雄別株(P.14)で、雌株の果実は熟すと3つに開き、中から赤い種子が顔を出す。

秋、枝先に小さな黄緑色の花をびっしりと咲かせる

科名	ウコギ
和名	ハリギリ(針桐)
生態	高木(落葉)
原産	在来
分布	北・本・四・九

葉は直径10〜30cmほどで、カエデのように掌状に切れ込む

ハリギリ

Kalopanax septemlobus

■花期:7〜8月 ■果実期:11〜12月 ■黄葉:11〜12月

幹や枝に鋭い刺が多数 キリの仲間ではない

　山野に自生し、決して珍しい木ではないが、かなりの高木になるため存在に気がつきにくい。また、とても高いところに花や果実がつくため観察しにくい。タラノキ同様新芽は食べられるものの、アクがやや強い。別名「センノキ」。

モミジに似た形の葉は、秋に黄色く色づく

冬の様子。タラノキに似る

暖地の山林や海沿いに自生する

果実は翌年の春に黒く熟す

科名	ウコギ
和名	ヤツデ(八手)
生態	低木(常緑)
原産	在来
分布	本(関東以西)・四・九・沖

花びらは5枚。蜜を多く出す

ヤツデ

Fatsia japonica

■花期11～12月 ■果実期:4～5月

手のひら形の大きな葉を次々と出して目立つ

葉の形が天狗の持つうちわを連想させることから別名「テングノハウチワ」。名前の「八つ」は数多くという意味で、通常切れ込みの数は奇数となり、8つのものはまれ。初冬の花が少ない時期に咲くため、多くの昆虫が訪れる。

園芸種
フイリヤツデ
斑(模様)入りの葉をつける園芸種で、まれに栽培される

薄い黄緑色の花が丸く集まって咲く

雰囲気がブドウ科のツタに似る

科名●	ウコギ
和名●	キヅタ（木蔦）
生態●	つる性（常緑）
原産●	在来
分布●	本・四・九

キヅタ

Hedera rhombea
■花期：10〜12月 ■果実期：5〜6月

冬も葉が青々しているため フユヅタとも呼ばれる

　常緑のつる植物。幹から細い気根(P.14)をもじゃもじゃと出して体を支えながら、太い幹や岩の上を這い上がっていく。若葉や枝先には小さなうろこ状の毛があるが、すぐに脱落して無毛になる。果実は初夏に熟し、鳥がよく食べる。

つるは多数の気根を出し、これで体を支える

果実は球形で黒く熟す

斑入り葉の園芸種がよく栽培される

見頃: 1 2 3 4 5 6 7 8 9 10 11 12

葉がモミジのように切れ込むタイプの園芸種

科名	ウコギ
和名	セイヨウキヅタ（西洋木蔦）
生態	つる性（常緑）
原産	ヨーロッパ〜北アフリカ
分布	植栽（庭など）

若い葉の裏側や葉柄は毛が多い

セイヨウキヅタ

 Hedera helix
■花期：ほとんど咲かない

「アイビー」の名前で寄せ植えなどに使われる

　ヨーロッパ原産のキヅタの仲間で、アイビーやヘデラの名前で栽培されている。園芸種が多く、葉の形や斑の入り方のバリエーションも豊富。キヅタに似るが、葉柄（ようへい）(P.10)や葉裏に毛がある。日本ではほとんど開花・結実しない。

近縁種
カナリーキヅタ
オカメヅタとも呼ばれ、グランドカバーなどに使われる

夏の終わり頃、幹の先端に花の穂をつける

科名	● ウコギ
和名	● タラノキ(楤の木)
生態	● 小高木(落葉)
原産	● 在来
分布	● 北・本・四・九

花は淡緑色で直径約3mm

果実は球形で直径3mmほど

タラノキ

Aralia elata

■花期:8〜9月　■果実期:11〜12月

春の新芽は「タラの芽」と呼ばれ、山菜として人気

伐採跡地など、山林が開かれて明るくなった場所でいち早く育つ「パイオニア植物」としての性質をもっている。新芽は「タラの芽」と呼ばれる山菜だが、すべて摘まず、芽を残しておかないとその木は枯れてしまう。

冬芽はタラの芽と呼ばれ、開き始めのものは山菜として人気

メダラ 刺がない品種。タラの芽を採るために栽培される

索 引

赤色の文字はメインで紹介している樹木。黒の細字は小写真、近縁種等で紹介している樹木。緑色の文字はコラムで紹介している樹木です。

ア

アイグロマツ	33
アオキ	**236**
アオギリ	**198**
アオツヅラフジ	**75**
アオハダ	263
アオバナアオキ	236
アカガシ	**60**
アカシデ	156
アカバナミツマタ	202
アカバメギ	76
アカマツ	**34**
アカメガシワ	**171**
アキニレ	**142**
アケビ	**73**
アケボノアセビ	230
アジサイ	**204**
アジサイの仲間	
アメリカアジサイ'アナベル'	207
ウズアジサイ	206
ガクアジサイ	206
カシワバアジサイ	207
シチダンカ	206
セイヨウアジサイ	206
タマアジサイ	207
ピラミッドアジサイ	207
アズマシャクナゲ	225
アセビ	**230**
アブラチャン	**65**
アベマキ	150
アベリア	**269**
アベリア'ホープレイズ'	269
アマチャ	205
アメリカフヨウ	200
アラカシ	152
アンズ	111
イイギリ	**168**
イチイ	**49**
イチジク	**147**
イチョウ	**30,138**
イヌガヤ	50
イヌザクラ	103
イヌシデ	**156**
イヌツゲ	**261**
イヌビワ	147
イヌマキ	**37**
イボタノキ	247
ウエストリンギア	**235**
ウグイスカグラ	**272**
ウスアカノイバラ	118
ウツギ	**208**
ウバメガシ	**139**
ウメ	
アンズ	111
鶯宿	110
鹿児島紅	111
御所紅	111
五節の舞	111
白加賀	110
冬至	111

ブンゴウメ	111	**カエデ(モミジ)**	**139**
竜狭小梅	110	サトウカエデ	187
ウワミズザクラ	**103**	チドリノキ	187
エゴノキ	**223**	トウカエデ	186
エゴノネコアシ	223	ネグンドカエデ'バリエツガム'	187
エゾマツ	**138**	ノムラカエデ	187
エニシダ	**96**	ノルウェーカエデ	187
エノキ	**144**	ハウチワカエデ	187
エビヅル	**92**	メグスリノキ	187
エリカの仲間		ヤマモミジ	185
エリカ'ウインターファイヤー'	233	紅垂れ	185
ギョリュウモドキ	233	ガクアジサイ	204
ジャノメエリカ	233	**カキ**	**162**
スズランエリカ	233	カジノキ	146
エンジュ	**99**	**カシワ**	**60**
エンゼルトランペット	**244**	**カツラ**	**88**
オウゴンコノテガシワ	44	カナリーキヅタ	278
オウゴンシモツケ	134	**ガマズミ**	**266**
オウゴンマサキ	160	**カマツカ**	**128**
オウバイ	**253**	**カヤ**	**50**
オウバイモドキ	253	**カラタチ**	**189**
オオナワシログミ	**235**	カラタチバナ	215
オオバナソケイ	91	**カラタネオガタマ**	**57**
オオベニガシワ	**172**	**カリン**	**127**
オタフクナンテン	77	**カルミアの仲間**	**232**
オニグルミ	**154**	**カレーリーフ**	**195**
オリーブ	**139,249**	寒牡丹	83
		キクモモ	112
		キソケイ	253
カ		**キヅタ**	**277**
カイヅカイブキ	**45**	**キブシ**	**179**
カエデの仲間		キミノセンリョウ	68
アメリカハナノキ	187	キャラボク	49
イロハモミジ	184	**キョウチクトウ**	**240**

キリ	260	コクチナシ	239
キレハノブドウ	93	コゴメウツギ	137
キンカン	190	コデマリ	135
キンメイヌツゲ	261	コナラ	151

キンモクセイの仲間
- キンモクセイ ……251
- ギンモクセイ ……251
- ヒイラギモクセイ ……251

ギンヨウアカシア ……102
クコ ……243
クサイチゴ ……120
クサギ ……259
クサボケ ……125
クスノキ ……62, 138
クチナシ ……238
クヌギ ……150
クマシデ ……156
クリ ……163

クレマチスの仲間
- カザグルマ ……79
- クレマチス'江戸紫' ……79
- テッセン ……79

クロウエア ……192
クロウエア'フイリーナ' ……192
クロガネモチ ……262
クロマツ ……33
クロモジ ……64

クワの仲間
- マグワ ……145
- マルベリー ……145
- ヤマグワ ……145

ゲッケイジュ ……66
ケヤキ ……138, 141
ゲンペイモモ ……112

コニファーの仲間
- アラスカヒノキ ……47
- アリゾナイトスギ'ブルーアイズ' ……47
- ウスリーヒバ ……47
- カナダトウヒ'コニカ' ……48
- コロラドトウヒ'オメガ' ……48
- チョウセンシラベ'シルバーロック' ……48
- ドイツトウヒ ……48
- ニイタカビャクシン'ブルーカーペット' ……47
- ニオイヒバ'グロボーサオーレア' ……47
- ヌマヒノキ'レッドスター' ……47
- ハイネズ'サンスプラッシュ' ……47
- モントレーイトスギ'ゴールドクレスト' ……46

コノテガシワ ……44
コブシ ……53
コプロスマ ……235
コムラサキ ……258
コモンセージ ……195
ゴヨウアケビ ……74
ゴンズイ ……178

サ

サカキ ……214
サクラの仲間
- イズタガアカ ……106
- エドヒガン ……106
- オオカンザクラ ……106

オオシマザクラ	106
オカメ	107
カラミザクラ	107
カワヅザクラ	106
カンヒザクラ	105
ケイオウザクラ	107
コブクザクラ	108
サトザクラ'旭山'	109
サトザクラ'天の川'	109
サトザクラ'御衣黄'	109
サトザクラ'関山'	109
サトザクラ'普賢象'	109
サトザクラ'鬱金'	109
ジュウガツザクラ	108
ジンダイアケボノ	105
ソメイヨシノ	104
ヒマラヤザクラ	108
フユザクラ	108
ヤエベニシダレ	107
ヤマザクラ	105
ヨウコウ	107
ザクロ	**174**
サザンカ	**220**
サネカズラ	**51**
サラサウツギ	208
サルココッカの仲間	**81**
サルスベリ	**175**
サルトリイバラ	**69**
サワラ	**43**
サンゴジュ	**267**
サンシュユ	**211**
サンショウ	**191**
シキミ	**52**
シジミバナ	136
シダレエノキ	144
シダレヤナギ	**167**
シデコブシ	53
シナイボタ	247
シナマンサク	86
シナレンギョウ	**246**
シマサルスベリ	175
シマトネリコ	**245**
シモツケ	**134**
シャクヤク	**83**
ジャスミン	**91**
シャリンバイ	**130**
シュロ	**71**
シラカシ	**152**
シラカバ	**61**
シラハギ	97
シロダモ	**67**
シロバナアケビ	73
シロバナシモツケ	134
シロバナジンチョウゲ	203
シロバナハナズオウ	100
シロバナハマナス	113
シロバナフジ	95
シロバナヤブツバキ	217
シロミナンテン	77
シロミノコムラサキ	258
シロミノマンリョウ	216
シロヤマブキ	**123**
ジンチョウゲ	**203**
スイカズラ	**270**
スイフヨウ	200
スギ	**39,139**
スダジイ	**149**
スモークツリー	**182**

スモモ	163	シロヤシオ	229
セイヨウイワナンテン	234	朱雀	227
セイヨウキヅタ	278	セイシカ	229
セイヨウシャクナゲ	225	トウゴクミツバツツジ	229
センダン	197	難波潟	226
センリョウ	68	本霧島	227
ソシンロウバイ	59	フジマンヨウ	227
ソテツ	32	モチツツジ'花車'	227
ソヨゴ	263	八重霧島	227
		ヤマツツジ	228
		レンゲツツジ	228

タ

		ツバキ(園芸種)の仲間	
		オトメツバキ	218
ダイオウマツ	35	かぎろひ	218
タイサンボク	56	菊更紗	218
タイリンミツマタ	202	キンギョツバキ	219
タギョウショウ	34	花の雪	219
タブノキ	63	紅雀	219
タラノキ	279	獅子頭	219
タラヨウ	265	富士の峰	219
チャ	221	ワビスケ	219
チャボヒバ	42	**ツリバナ**	159
チョウセンレンギョウ	246	**ツルウメモドキ**	161
ツゲの仲間	80	**テイカカズラ**	241
ツタ	94	テリハノイバラ	118
ツツジの仲間		トウジュロ	71
曙	226	**ドウダンツツジ**	231
飛鳥川	227	トウネズミモチ	248
アザレア	227	トキワマンサク	85
オオムラサキ	226	トサミズキ	87
キレンゲツツジ	227	**トチノキ**	183
雲の上	226	**ドドナエア**	235
クロフネツツジ	229	**トベラ**	274
ゲンカイツツジ	229	トラフクロマツ	33
サツキ	229		

ナ

ナガバモミジイチゴ	119
ナギ	38
ナギイカダ	70
ナシ	163
ナツツバキ	222
ナツメ	140
ナナカマド	133
ナワシロイチゴ	121
ナンキンハゼ	170
ナンテン	77
ニシキギ	157
ニシキノブドウ	93
ニワウルシ	196
ニワトコ	268
ヌルデ	181
ネコヤナギ	166
ネズミモチ	248
ネムノキ	101
ノイバラ	118
ノウゼンカズラの仲間	
アイノコノウゼンカズラ	256
アメリカノウゼンカズラ	256
ノウゼンカズラ	256
ノブドウ	93

ハ

ハイビスカス	201
ハイビャクシン	45
ハクサンボク	266
ハクチョウゲ	237
ハクモクレン	54
ハコネウツギ	273
ハゼノキ	180
ハチジョウキブシ	179
ハツユキカズラ	241
ハナカイドウ	124
ハナズオウ	100
ハナミズキ	209
ハナモモ	112
ハナユ	188
ハマナス	113
ハマヒサカキ	213
バライチゴ	120
バラの仲間	
イングリッド・ウェイブル	117
ウォーターメロン・アイス	117
ウルメール・ムンスター	116
思い出	117
オレンジメイヤンディナ	117
カーディナル	114
ジルベール・ベコー	115
パシィーノ	117
ブルー・リバー	115
モッコウバラ	117
ハリエンジュ	98
ハリギリ	275
ハンノキ	155
ヒイラギ	252
ヒイラギナンテン	78
ヒイラギモチ	264
ヒサカキ	213
ヒトツバタゴ	254
ヒノキ	42
ヒペリカムの仲間	
キンシバイ	164

コボウズオトギリ	165	ベニバナトキワマンサク	85
セイヨウキンシバイ	165	ベニバナトチノキ	183
タイリンキンシバイ	164	ベニバナハコネウツギ	273
ビヨウヤナギ	165	ポインセチア	169
ヒマラヤスギ	**36**	**ホオノキ**	**55**
ヒメウツギ	208	ホオベニエニシダ	96
ヒメエニシダ	96	**ボケ**	**126**
ヒメコウゾ	**146**	ホソバヒイラギナンテン	78
ヒメザクロ	174	**ボタン**	**82**
ヒメシャラ	222	ボタンクサギ	259
ヒュウガミズキ	**87**	**ポプラ**	**90**
ピラカンサの仲間		**ホルトノキ**	**173**
タチバナモドキ	132	ボロニアの仲間	
ビワ	**131**	ピグミーランタン	193
フィカス・プミラ	**234**	ボロニア・ピンナタ	193
フイリアオキ	236	ミヤマシキミ	193

マ

マートル	**195**
マガタマヤナギ	167
マサキ	**160**
マテバシイ	**148**
マメキンカン	190
マメイヌツゲ	261
マユミ	**158**
マルバヤナギ	166
マルメロ	127
マロニエ	**90**
マンゲツロウバイ	59
マンサク	**86**
マンデビラの仲間	
アラマンダ	242
マダガスカルジャスミン	242

(フイリジンチョウゲ 203, フイリヒイラギ 252, フイリマサキ 160, フイリヤツデ 276, **フェイジョア** **176**, **フェニックス** **139**, フサアカシア 102, **フジ** **95**, **ブッドレア** **255**, **ブナ** **61**, フユイチゴ 121, **フヨウ** **200**, **ブラシノキの仲間** **177**, **プラタナス** **91**, **ブルーベリー** **163**, ベニガク 205, ベニバナエゴノキ 223, ベニバナシャリンバイ 130)

マンデビラ・ボリビエンシス	242
マンリョウ	216
ミズキ	210
ミツバアケビ	74
ミツマタ	202
ミヤギノハギ	97
ミヤマウグイスカグラ	272
ムクゲ	199
ムクノキ	143
ムサシノケヤキ	141
ムベ	72
ムラサキシキブ	257
メギ	76
メタセコイア	40
メダラ	279
モクセイ	139
モクビャッコウ	234
モクレン	54
モチノキ	264
モッコク	212
モミジイチゴ	119
モミジバフウ	84
モモ	162

ヤ

八重黒龍	95
ヤエクチナシ	239
ヤエコクチナシ	239
ヤエヤマブキ	122
ヤツデ	276
ヤドリギ	61
ヤブコウジ	215
ヤブコウジ'紫金牛'	215
ヤブツバキ	217
ヤマアジサイ	205
ヤマウルシ	181
ヤマコウバシ	65
ヤマハギ	97
ヤマハゼ	180
ヤマブキ	122
ヤマボウシ	209
ヤマモモ	153
ユーカリ	91
ユキヤナギ	136
ユズ	188
ユズリハ	89
ユリノキ	58

ラ

ラカンマキ	37
ラクウショウ	41
ラベンダー	194
リョウブ	224
リンゴ	162
レッドロビン	129
レモンバーベナ	195
ロウバイ	59
ローズマリー	194
ロニセラの仲間	
ツキヌキニンドウ	271
ハニーサックル	
'ゴールドフレーム'	271
ロニセラ・ニティダ	271

著者 岩槻秀明（いわつき ひであき）

気象予報士。千葉県希少生物及び外来生物リスト作成検討会種子植物分科会委員。千葉県立関宿城博物館調査協力員。日本気象予報士会 生物季節ネットワーク代表。自然科学系ライターとして、身近な自然について幅広く執筆活動を行う。写真も自ら撮影している。
また自然体験学習などの講師を務めるほか、テレビなどのメディア出演も積極的に行っている。愛称は「わぴちゃん」。

公式ホームページ
https://wapichan.sakura.ne.jp/

公式ブログ
https://ameblo.jp/wapichan-official/

公式X
https://twitter.com/wapichan_ap

●**主な著書**
『新 散歩の花図鑑』（新星出版社）
『おいしく食べられる身近な野草・雑草図鑑』（ナツメ社）
『子どもに教えてあげられる散歩の草花図鑑』（大和書房）
『最新版 街でよく見かける雑草や野草がよーくわかる本』（秀和システム）など

【参考文献】
●『山渓ハンディ図鑑3 樹に咲く花 離弁花1』（山と渓谷社）●『山渓ハンディ図鑑4 樹に咲く花 離弁花2』（山と渓谷社）●『山渓ハンディ図鑑5 樹に咲く花 合弁花・単子葉・裸子植物』（山と渓谷社）●『山渓カラー名鑑 園芸植物』鈴木基夫・横井政人（山と渓谷社）●『熱帯花木と観葉植物図鑑』（社）日本インドア・グリーン協会（誠文堂新光社）●『街の休日 歩いて楽しむ街路樹の散歩みち』亀田龍吉・写真、多田多恵子・文（山と渓谷社）●『森の休日2 探して楽しむドングリと松ぼっくり』平野隆久・写真、片桐啓子・文（山と渓谷社）●『日本のアジサイ図鑑』川原田邦彦・三上常夫・若林芳樹・著（柏書房）●『決定版 バラ図鑑』寺西菊雄・村田晴夫・前野義博・小山内 健・編（講談社）●『増補改訂 フィールドベスト図鑑10 日本の桜』勝木俊雄・監修執筆（学習研究社）●『コツのコツシリーズ コニファーガーデン園主が教える選び方・育て方』髙橋 護・著（農山漁村文化協会）●『決定版 カラーリーフ図鑑』荻原範雄・編（講談社）●『香りと花のハーブ図鑑500』（主婦の友社）●『ハーブのすべてがわかる事典』ジャパンハーブソサエティー・著（ナツメ社）

●『植物和名ー学名インデックス YList』米倉浩司・梶田忠
http://ylist.info/index.html

本書は『この木なんの木?がひと目でわかる! 散歩の樹木図鑑』（2013年3月初版発行）に加筆・修正を加え、再編集したものです。

本書の内容に関するお問い合わせは、書名、発行年月日、該当ページを明記の上、書面、FAX、お問い合わせフォームにて、当社編集部宛にお送りください。**電話によるお問い合わせはお受けしておりません。**また、本書の範囲を超えるご質問等にもお答えできませんので、あらかじめご了承ください。

　FAX：03-3831-0902
　お問い合わせフォーム：https://www.shin-sei.co.jp/np/contact.html

落丁・乱丁のあった場合は、送料当社負担でお取替えいたします。当社営業部宛にお送りください。

本書の複写、複製を希望される場合は、そのつど事前に、出版者著作権管理機構（電話：03-5244-5088、FAX：03-5244-5089、e-mail：info@jcopy.or.jp）の許諾を得てください。

JCOPY ＜出版者著作権管理機構 委託出版物＞

新 散歩の樹木図鑑

2025年4月5日	初版発行
著　者	岩槻秀明
発行者	富永靖弘
印刷所	株式会社新藤慶昌堂
発行所	株式会社新星出版社
〒110-0016	東京都台東区台東2丁目24
	電話(03) 3831-0743

©Hideaki Iwatsuki　　　Printed in Japan
ISBN978-4-405-08574-9